RANMEI YANQIGONG DE
JIANCE YU TUOCHU JISHU

燃煤烟气汞的
检测与脱除技术

国能三河发电有限责任公司　组　编

郭云龙　王金星　主　编

中国电力出版社
CHINA ELECTRIC POWER PRESS

内 容 提 要

煤炭作为我国主要的化石能源已成为电力能源结构中的重要组成部分。伴随着大量煤炭燃烧与烟气排放，煤炭所含汞的化合物通过一系列化学反应挥发逸散到了大气，造成了环境污染。自《关于汞的水俣公约》在我国生效，控制各燃煤机组的汞排放成为现阶段的重要挑战之一。本书结合三河电厂脱汞技术的工程示范以及国内外学者对脱汞原理的最新成果，对火电机组烟气汞的检测与脱除技术进行了系统阐述，分别从检测技术、检测设备以及脱除技术三个层面深入剖析了烟气汞治理所涉及的关键技术。

本书适用于高校师生及研究院所从事脱汞技术研发的学者，也可供电厂及电科院的环保相关专业工程师学习参考使用。

图书在版编目（CIP）数据

燃煤烟气汞的检测与脱除技术/国能三河发电有限责任公司组编；郭云龙，王金星主编. —北京：中国电力出版社，2023.12
ISBN 978-7-5198-8384-3

Ⅰ．①燃…　Ⅱ．①三…　②郭…　③王…　Ⅲ．①煤烟污染－汞污染－污染控制－研究
Ⅳ．①X511.06

中国版本图书馆 CIP 数据核字（2023）第 237929 号

出版发行：中国电力出版社
地　　址：北京市东城区北京站西街 19 号（邮政编码 100005）
网　　址：http://www.cepp.sgcc.com.cn
责任编辑：孙　芳（010-63412381）
责任校对：黄　蓓　王海南
装帧设计：赵姗姗
责任印制：吴　迪

印　　刷：三河市航远印刷有限公司
版　　次：2023 年 12 月第一版
印　　次：2023 年 12 月北京第一次印刷
开　　本：787 毫米×1092 毫米　16 开本
印　　张：9
字　　数：199 千字
印　　数：0001—1000 册
定　　价：98.00 元

编　委　会

前　言

煤炭作为我国主要的化石能源已成为电力能源结构中的重要组成部分。伴随着大量煤炭燃烧与烟气排放，煤炭所含汞的化合物通过一系列化学反应而挥发逸散到了大气，造成了环境污染。自《关于汞的水俣公约》在我国生效，控制各燃煤机组的汞排放成为现阶段的重要挑战之一。随着学者对烟气汞的脱除技术的探索，已逐步具备了对汞排放精准检测与脱除的应用潜力。在此背景下，本书对火电机组烟气汞的检测与脱除技术进行了系统阐述，分别从检测技术、检测设备以及脱除技术三个层面深入剖析了烟气汞治理所涉及的关键技术，期望为火电机组烟气汞减排技术的发展提供参考。

本书由华北理工大学王金星教授统筹设计和组织编著，在国电电力发展股份有限公司（以下简称国电电力）和三河发电有限责任公司（以下简称三河电厂）各位领导的大力指导和协调下，以三河电厂已完成的污染治理方面的相关项目为依托，同时汇编了已有的成果报告分别包括华中科技大学和华北电力大学科研团队所拟订的项目报告，对烟气汞脱除技术进行了详尽的对比编排。重点邀请到了南京师范大学周长松老师、清华大学邢佳颖老师、华北电力大学薛俊杰老师，以及中电华创电力技术研究院有限公司郭磊工程师等参与部分章节的内容指导。

第一篇导论篇（第一、二章）：本篇从燃煤机组汞排放背景开始，介绍了我国针对烟气汞治理的必要性，并详细介绍了烟气汞的来源以及影响其生成的因素。

第二篇烟气汞检测篇（第三、四章）：本篇分别从烟气汞的检测方法，烟气汞的检测设备与分析手段三个方面，对燃烧侧烟气汞的检测手段方面展开评述。

第三篇烟气汞脱除篇（第五、七章）：本篇从燃煤机组烟气汞以及其他重金属的排放特征开始，再到大气汞污染控制技术的研究，重点论述了新型 MOF 脱汞技术与 Fenton 脱汞技术，并对该技术所涉及的材料设计手段与机理展开研究。此外本篇还针对 NO_x 和 SO_x 成熟的脱除技术对烟气汞的协同脱除机理与效果展开了研究，同时还从对多种污染物联合脱除的交互影响机制和多污染物协同脱除反应强化展开评述。

第四篇新型烟气汞治理技术篇（第八、九章）：本篇首先对量子化学计算在燃煤电站汞排放控制中的应用进行了重点介绍，之后将溴化钙添加剂 FGD 协同脱汞与吸附脱汞技术原理与应用进行了评述，并对后续的潜在应用方式与机理做出了推测。

第五篇工程示范与总结篇（第十、十一章）：本篇对烟气汞排放技术在一线工程中的应用现状进行了阐述，并对燃煤机组烟气汞检测与脱除技术的发展进行了总结与展望。

火电机组烟气汞检测与脱除，属于新兴技术领域，覆盖面广泛，是一项系统性工程，涉及的一些关键技术仍在研发攻关阶段，产业模式还有待进一步明晰，因此书中难免存在不当之处，敬请读者见谅，并给予宝贵意见。

编　者

2023 年 11 月

目 录

第一篇 导　论　篇

第一章

概　　述

　　汞在自然界中分布量极小，被认为是稀有金属，在自然界中主要以硫化汞的形式存在。但其可在生物界随着食物链进行积累，因此造成煤炭中含有少量汞化合物成分。大量研究表明，天然源和人为源活动能通过复杂的迁移转化机制影响汞在大气、土壤和水三大环境介质间的分配。自工业革命起，汞因其独特的物理化学特性（如高密度、低电阻和稳定的膨胀系数）逐渐被人们广泛应用（如制造业、牙医业和冶金业），汞矿的开采率有很大提高，同时排入大气中的汞量也大大增加了。汞在环境中的人为排放源主要来自电厂燃煤、工业锅炉、废弃物燃烧以及一些工业生产过程。其绝大多数化学形态都具有很高的毒性，且会由于其不易发生降解和转化的性质而造成持久性污染，同时它的生物富集性还会使其浓度沿着食物链而累积增大。自 20 世纪 50 年代发现水俣病以来，汞及其化合物的生物地球化学循环研究引起了学术界的广泛关注，特别是在水生生态系统汞的循环演化规律方面取得了很多成果。

　　同时，由我国能源禀赋所决定的，我国重要的化石能源煤炭成为电力能源结构中的主要组成部分。伴随着大量煤炭的焚烧与烟气的排放，煤炭中所含的汞化合物发生反应并挥发逸散到了大气中。此外，近年来的研究发现，北极等无明显工业污染源的偏远地区湖泊中鱼体内汞浓度升高主要是由大气汞沉降造成的，因而大气汞污染和控制研究成为国际热点问题之一。

　　2017 年，经过世界卫生组织整理参考，汞和无机汞化合物被归类为 3 类致癌物。由于其对人类健康与环境的危害，《关于汞的水俣公约》在我国生效，该公约就汞及其化合物限排范围作出详细规定，以减少汞对环境和人类健康造成的损害[1]。我国燃煤发电机组装机量巨大，改造成本高，一种经济有效合理的汞检测与脱除技术对电力行业汞减排具有重大意义。

第一节　汞污染的危害

　　汞作为一种剧毒污染物，就动物而言，汞及其化合物主要通过呼吸道、口腔等渗透进入人或其他动物体内，并通过细胞膜交换等方式进入血液。就烟气中的汞而言，其随烟气排入大气后，人通过呼吸含汞气体，使得汞进入肺泡并进入血液循环，其难以排出体外，易于在体内形成一定量的累积，当人体尿液含汞量高于 0.05mg/L 时人将出现意识混乱、神经系统紊乱等汞中毒现象，严重时则会导致死亡[2]，如日本曾大规模爆发的水俣病。值得注意的是，除人之外的动物，在呼吸过程中也会吸纳大气中的汞，在体内进行积累，并可能通过食物链传递给人类。

除动物外，汞的过量排放还会影响农作物生长，植物-土壤系统的污染通过食物链依然可危害人类健康[3]。此外，汞污染物还会被农作物等植物通过根系吸收形成汞胁迫影响植物的生长发育、光合作用与抗氧化损伤，其重金属性质可影响植物中多种酶的正常工作，甚至可能导致 DNA 链的断裂，引起变异危害[4]。因此，汞污染严重危害了自然环境与人类生存。

一、我国大气汞排放对大气环境的危害

中国是全球范围大气汞污染最为严重的区域之一，大气中汞的年均沉降值大于 $70\mu g/m^2$。我国汞矿、金矿、氯碱厂、有色金属冶炼厂地区汞的环境污染十分严重，包括大气、水体、土壤等环境要素。贵州省土法炼汞地区，空气汞浓度超过居住区大气汞浓度标准（$0.3\mu g/m^3$）17.5～2646.3 倍，生活饮用水超过卫生标准 1～3 倍，农作物可食用部分汞含量超标几十到几百倍。

目前，我国一些大城市中大气汞污染已相当严重。在贵阳，采暖期大气汞浓度高达 $565.8ng/m^3$，超过我国规定的居住区 $300ng/m^3$ 的标准，降水中汞浓度为 $0.116\mu g/L$，超过了《地面水环境质量标准》（GHZB1—1999）中的Ⅲ类标准。沈阳市大多数监测点的大气汞浓度超过或接近居住区大气汞标准 $300ng/m^3$。北京、上海、重庆和兰州大气汞的监测研究表明：这几个城市的汞污染已经十分严重，大气汞污染主要来自燃煤排放。北京市采暖期空气中汞浓度平均值为 $216.9ng/m^3$，个别地点达到 $427.08ng/m^3$。

二、我国大气汞排放对水环境的危害

大气中的汞经过干湿沉降、雨水洗涤和地表径流的作用，最终也都转移到水体中。有些采用汞接触剂合成有机化合物（如氯乙烯、乙醛）的工厂，还直接排出含有甲基汞的废水。

2009 年 6 月 8 日中国科学院地球化学研究所研究员冯新斌在第九届全球汞污染物国际会议上介绍，多年的汞矿开采对我国一些地区环境产生了严重污染，受污染地区的修复及土壤复垦成为摆在当地矿区人民面前新的难题。20 世纪，我国也曾发生过多起汞污染的事件，如贵州百花湖、东北松花江、蓟运河和锦州湾等，水生生态系统受到了严重的污染。此后，我国对松花江的汞污染进行了十年的治理。此外，我国辽河、黄河汞污染严重，汞在 5 年内污染物排序均处在前三位。中国海域汞污染从 1995 年到 2000 年呈加重趋势，在某些近岸海水监测点，汞已成为最大的超标指标。汞的大气沉降对上述水体的汞污染问题都有一定程度的影响。

三、我国大气汞排放对生态环境的危害

我国一些无明显汞污染源地区，陆地生态系统中的汞污染也十分严重，土壤含汞量比背景值高 3～10 倍，相应的蔬菜作物、田间杂草汞含量亦超过卫生标准 20～30 倍，这

可能是汞的大气传输沉降造成的。

我国含汞农药、化肥对农业生态系统也产生了危害,有的化肥中汞含量高达 5mg/kg,蔬菜和一些农产品受到了汞污染。

此外,汞污染还会对动植物造成影响,尤其是动物。水生食物网的顶级为食鱼物种,如海鸟、海豹及水獭等,它们可因食物中甲基汞的摄入和汞毒性的增加,产生一系列中毒反应,包括行为、神经化学、激素以及生殖等方面的变化。研究显示,鸟的肝肾中汞含量超过 30ppm(1ppm=1μg/mL 或 1ppm=1μg/g)即可致死。鸟卵中甲基汞含量达 0.5～1.5ppm 即会影响孵化。因此,人为活动造成的环境汞污染可能引起生态系统结构和功能的变化。

四、我国大气汞排放对土壤环境的危害

据报道,污染土壤中的汞能在没有水的条件下向大气中散发,在有水的条件下溶出,成为二次污染源。土壤被汞污染,汞含量在 180mg/kg 以上,经过了 6 年的自然净化,日晒雨淋、杂草丛生,也未能降低复垦稻田中大米的汞含量,严重损坏了人们赖以生存的环境。大面积土壤中的汞,溶出后将会扩散污染,侵入水体和水生生物。

五、我国大气汞排放对人体健康的危害

人为活动,尤其是煤炭的燃烧会向大气环境中排放汞,汞在空气中传输扩散,最后沉降到水和土壤中,在水中通过生物过程转化成甲基汞,并通过食物链在鱼类体内富集,从而对人类的健康产生危害。

汞是一种具有严重生理毒性的化学物质,汞的有机化合物甲基汞能导致水俣病。20世纪 70～80 年代,中国第二松花江沿岸渔民中曾经发现少量甲基汞慢性中毒病例,由于及时采取治理措施避免了水俣病的暴发。据 2003 年第二松花江沿岸一个城镇的调查,居民头发中汞超过 10mg/kg(存在甲基汞中毒的风险)的占 2%以上。

近年来的研究表明,甲基汞对人类的侵害比以前预想的要严重和广泛得多。甲基汞可以穿过胎盘屏障侵害胎儿,使新生儿发生先天性疾病。除了神经系统受到损害外,儿童的免疫系统和循环系统的发育也受到侵害。

贵州省环科院通过小白鼠进行实验,结果表明,用被汞污染的粮食喂养小白鼠,小白鼠的神经递质在脑、肝、肾、血中都有明显损伤和变异。在短期内,汞对乙酰胆碱可能有刺激作用,而长时间的积累,最终结果将是耗尽细胞内的乙酰胆碱积蓄,从而导致胆碱能神经递质功能的全面衰退。乙酰胆碱与机体运动、学习、记忆等生理功能有着密切关系,胆碱能神经功能的破坏,可能导致生物体记忆功能衰退,运动协调性降低,这也与甲基汞导致的中毒症状类似。

第二节 国内外汞污染的现状

一、国外汞污染现状[5]

在畜牧业发达的欧美国家,汞污染主要通过肉用牲畜、鱼类等通过食物链积累并传递给人类,主要出现在汞和硫酸盐沉积量高、森林和湿地覆盖率高、农业覆盖率低的区

域，导致该区域所养殖的牲畜体内含有超标的汞化合物[6]。

而对于日本而言，其地理位置与资源匮乏的特点，导致其对海产品消耗量大，并且化肥等工厂废水的排放对水系统造成了严重污染，在 20 世纪 70 年代造成了水俣病大规模的爆发，也促成了世界范围内对汞污染危害的认知，推动了《关于汞的水俣公约》签订的进程。

近 20 年来，美国做了大量大气汞的基础研究工作，出台了一系列研究报告和评价系统。美国环保署（EPA）在 1997 年发布了大气汞研究报告，其内容主要包含美国大气汞的重要排放源、大气汞排放对健康和环境的影响评价、大气汞污染控制措施的花费和可行性分析等。

EPA 于 2000 年 12 月公开了一项为期五年的汞研究计划，内容涉及汞在环境中的迁移和归宿、燃烧源与非燃烧的风险管理、汞对生态和人群健康的影响以及危险性信息交流等。2002 年 2 月美国政府又把汞和温室气体一道列为计划削减的污染物，到 2010 和 2018 年电厂大气汞排放量分别削减为 1999 年的 54% 和 31%。于 2006 年 7 月出台了大气汞规划，主要关注的是大气汞的排放源和使用范围，并描述了 EPA 制定的关于减少美国和国际上大气汞排放量的进程时刻表，以及 EPA 为减少大气汞危害正在进行和计划进行的主要行动的大致内容。

此外，在 1999 年期间，EPA 要求美国 80 家燃煤电厂使用汞的形态研究分析方法（Ontario/Hydro 法）进行汞排放的测试，这些测试结果也被作为电厂信息提供要求的一部分，这些测试数据后来被用来估算 1999 年美国大气汞排放量。

对于大气汞的排放控制，美国也有一些相关的控制措施和立法要求。1990 年，美国《清洁大气法（修正案）》把汞列入 189 种"有害气体污染物"中。该法规定 EPA 以技术为基础，为这些有毒气体的特定排放源设立排放标准。这些排放源还必须获得排放许可证，并遵守所有适用的排放标准。该法对燃煤电厂有毒气体的排放有特别的规定，给予了 EPA 控制电厂汞排放一定的职权。

2008 年 10 月 14 日，美国总统签署了禁止汞出口法。该法包括对汞出口和长远的汞管理、存储规定。由于美国历来被列为世界级汞出口商，该法的实施将消除全球市场上大量的汞。

美国近 20 年汞减排主要措施见表 1-1。

表 1-1　　　　　　　　　　　　　　美国近 20 年汞减排主要措施

年份（年）	主要措施与预期
1990	《清洁大气法（修正案）》将汞列入 189 种"有害气体污染物"
1997	EPA 发布了大气汞研究报告
1999	EPA 要求部分燃煤电厂使用 Ontario/Hydro 法进行汞排放的测试
2000	EPA 公开了一项为期五年的汞研究计划
2002	政府把汞和温室气体一道列为计划削减的污染物
2006	政府出台了大气汞规划

年份（年）	主要措施与预期
2008	美国总统签署了禁止汞出口法
2010	电厂大气汞排放量削减为 1999 年的 54%
2018	电厂大气汞排放量削减为 1999 年的 31%

很多国家和国际组织都在致力于研究环境中汞污染状况，寻找降低汞排放的有效途径。联合国欧洲经济委员会（UNECE）关于空气污染物长距离跨边界传输的研究小组已经就环境中汞的源和受体关系做了大量的研究，他们研究了欧洲主要的大气汞排放源，这些汞排放对环境的危害以及汞排放削减方案。欧盟国家已经采取了一系列措施来降低汞污染，如出台新的空气质量法和水法、加严汞排放标准等。

二、国内汞污染现状[7]

我国在化工、电池、荧光灯、医疗器械等生产领域均存在汞的使用和排放，而燃煤、有色金属冶炼、水泥生产等领域的大气汞排放则更为严重[8]。由于我国在多个领域尚存在汞的有意使用和无意排放等活动，致使我国一些典型区域的汞污染比较严重。2002 年全球汞评估报告显示，北半球大气总汞背景值平均为 $1.5\sim2.0\text{ng/m}^3$，南半球为 $1.1\sim1.4\text{ng/m}^3$，北半球的大气汞含量高于南半球。而我国一些地区的大气汞监测浓度均远超出北半球大气总汞背景值，成为全球范围大气汞污染比较严重的区域之一。

联合国环境规划署（UNEP）评估我国 2005 年人为源直接排放大气汞量为 825.2t，占全球人为源直接排放总量的 42.85%。我国的主要排放行业是化石燃料燃烧（提供热量或者提供能量）、小型金矿冶炼企业、金属生产（黑色和非黑色）、水泥生产。我国政府和生态环境部十分重视汞污染防治，在 UNEP 第 25 届理事会上，支持了拟定一项全球汞问题的具有法律约束力的国际文书的决议，表明了我国政府控制汞污染的决心。

有学者也对我国燃煤汞排放状况进行了相关的研究。蒋靖坤等（2005 年）基于两组原煤汞含量数据，计算出 2000 年中国燃煤大气汞排放量分别为 161.6t 和 219.5t。Streets et al.（2005）估算中国 1999 年燃煤释放到大气的汞为 202.4t，其中燃煤电厂、工业锅炉和民用燃煤分别释放的汞为 68、103.2t 和 19.7t。燃煤活动排放的汞占人为源的 38%（人为总排放为 536t）。清华大学环境系对中国部分电厂进行了现场测试，得出各种控制措施的排放因子，进而根据中国各个电厂的实际情况及其他行业的活动水平估算出中国 1995 年到 2003 年的人为源大气汞总排放量。中国环境科学研究院基于我国电煤消耗量及我国煤炭中的汞含量，结合不同控制技术的协同脱汞效率，估算出我国燃煤电厂 2000、2005年及 2010 年的烟气汞排放量分别为 55.5、115.2t 和 109.7t，如图 1-1 所示。Zhang 等[9]根据基于省级技术的汞排放清单，估计了 2010 年中国燃煤的汞减排成本，得到 2010 年我国燃煤机组汞排放量将达到 300.8t，同时其预测在 2020 年的政策控制情景下，使用空气污染控制装置排量将持平 2010 年排量。Wang 等[10]估计 2014 年燃煤排汞量在 292t 左右，并对 1991 年至 2014 年的燃煤排汞趋势进行了统计，结果表明，2002 年之后，汞排放呈加速增长趋势，并随着烟气治理措施的实施在 2015 年左右排量趋于平稳。

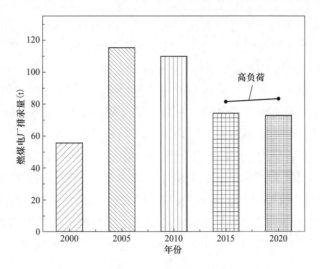

图 1-1　燃煤汞排量变化趋势

　　我国汞污染呈现排放量大、范围广、局部影响深等特点[11]。因此，在 2026 年《关于汞的水俣公约》生效即将到来的背景下，我国应就电力生产等主要排汞行业进行重点整改，标本兼治，促进全面减排消汞。

第三节　汞污染的主要来源与存在形式

　　就汞的来源分布而言，不同于其他国家汞污染主要为沉积产生或生物富集，我国由于工业较为发达，人口众多，工厂污染较为严重，人为排放占比较大，其中，金属冶炼、燃煤机组以及锅炉占有大部分份额，如图 1-2 所示。据统计，煤炭燃烧所产生的烟气成为人类汞排放中占比最大的途径，占总排量的 54.2%[12]。因此想要实现减汞治汞，从燃煤锅炉烟气系统入手效果将最佳。燃煤电厂汞排放又是主要的大气汞人为排放源，故而对燃煤电厂汞排放的控制必然是工作的重中之重。

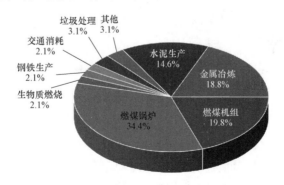

图 1-2　我国大气含汞量主要来源

　　以下就煤中汞的释放过程进行简单的介绍。汞是一种易挥发的元素，燃煤烟气中的汞主要有三种形态：元素汞（Hg^0）、氧化态汞（$Hg^{2+}X$，X 表示 Cl_2、SO_4、O 和 S）和颗粒汞（Hg^p）。煤中各种汞的化合物在温度高于 700～800℃时就处于热力不稳定状态，可能分解形成 Hg^0。通常在煤粉炉中，炉膛温度范围为 1200～1500℃，因此在炉膛内高于 800℃的高温燃烧区内，随着煤中黄铁矿和朱砂（HgS）等含汞物质的分解，几乎所有煤中的汞（包括无机汞和有机汞）转变成 Hg^0 并以气态形式停留于烟气中。极少部分汞随着灰渣的形成，直接存留于灰渣中。随后，烟气流出炉膛，经过各种换热设备，烟气温度逐渐降低，烟气中的汞继续发生变化。一部分 Hg^0 通过物理吸附、化学吸附和化学反应这几种途径，被残留的碳颗粒或其他飞灰颗粒表面所吸收，形成颗粒态的汞（Hg^p），存在于颗粒中的汞包括 $HgCl_2$、Hg^0、$HgSO_4$ 和 HgS 等；一部分 Hg^0 在烟气温度降到一定范围时，与烟气中的其他成分发生均相反应，形成氧化态汞（Hg^+、Hg^{2+}）的化合物。均相反应中，汞和含氯物质之间的反应是主要形式。理论和试验结果均表明，在燃煤烟气中 HCl 可以和 Hg^0 之间发生反应。相对于 HCl，Cl_2 具有更高的反应活性。除了含氯物质之外，其他烟气组分如 O_2 和 NO_2 等均可促进 Hg^0 转化成 Hg^{2+}。另一部分 Hg^0 在烟气中颗粒物的作用下，在颗粒物表面和烟气组分之间发生非均相反应生成 Hg^{2+}，这对汞形态的转化同样有着重要的作用。飞灰中的 CuO 和 Fe_2O_3 对汞形态转化起催化作用。烟气中的 NO_2 抑制 Hg 在飞灰表面的吸附，但可以促进 Hg^0 的形态转化。目前还没有检测技术可以直接鉴别烟气中氧化态汞的具体形态，由于 Hg^+ 化学性质的不稳定性，一般认为，烟气中的氧化态汞以 Hg^{2+} 的形式存在，同时认为含氯物质对气态单质汞的氧化起主要作用，Hg^{2+} 的主要产物形式为 $HgCl_2$。气态 Hg^{2+} 化合物中一部分保持气态，随烟气一起排出；一部分被飞灰颗粒吸收也形成颗粒态汞 Hg^p；最后一部分气态 Hg^0 保持不变，随烟气排出。燃煤大气汞排放图如图 1-3 所示。

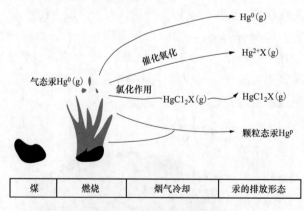

图 1-3　燃煤大气汞排放图

　　烟气中汞形态分布受到煤种及其成分、燃烧器类型、锅炉运行条件（如锅炉负荷、过量空气系数、燃烧温度、烟气气氛、烟气冷却速率、低温下停留时间等）和除尘脱硫系统的布置等多种因素的影响。除了煤种、锅炉运行条件等因素外，常规污染物控制设备对最终排入大气的汞形态有较大的影响。近几年研究表明，烟气中汞的形态分布主要与燃煤中氯元素含量和温度的影响有关，气相汞在小于 400℃温度下以 $HgCl_2$ 为主，大于 600℃温度以 Hg^0 为主，400～600℃之间，二者共存。但是受煤种等因素影响，气相汞的形态分布变化较大，Hg^0 与 Hg^{2+} 的比例从 90%:10%到 10%:90%不等（在 70%:30% 左右）。

　　不同形态的汞物理、化学性质不同。Hg^0 有较高的挥发性和较低的水溶性，较难控制。在大气中的停留时间长达半年到 2 年，并且随着大气运动进行长距离的输运。相对于 Hg^0，Hg^{2+}（主要是 $HgCl_2$）更容易通过燃煤电站现有的污染物控制装置达到脱除的目的。这是由于：①Hg^{2+}具有较高的水溶性，因而可以被湿法烟气脱硫系统（WFGD）高效洗涤脱除；②Hg^{2+}的挥发性较低，容易与飞灰等颗粒物亲和吸附形成 Hg^p，这样就可以通过除尘装置脱除。也正是由于 Hg^{2+}特有的物理化学性质，它在大气中的停留时间短，易于在排放源附近通过干湿沉降沉积下来。Hg^p 通常与颗粒物绑定。在一定条件下这三种形态可以相互转化，而且烟气中总汞含量少（浓度范围一般为 $0 \sim 20 \mu g/m^3$），因此要同时脱除烟气中三种形态的汞比较困难。

第二章

燃煤烟气汞排放的特征

汞排放量的大小是由煤种、工况、负荷等多方因素共同决定的，殷立宝等[13]对我国多个地方使用不同煤种的燃煤电厂的汞排放量进行了汇总，通过结果可知使用不同煤种所产生的汞排放量存在很大差异，且不同煤种中汞含量以及各元素含量不同。而俞美香等[14]通过实测发现江苏、重庆、河北、天津 4 个省市的燃煤电厂烟气中汞排放浓度均在 15μg/m³ 以下，远低于排放标准，这得益于电厂设备的正常运行。在与一定比例的生物质进行掺烧后，气态汞排放总量有一定程度的下降[15]，但对汞排放起决定性作用的并非生物质添加而是煤种本身。煤中的氯含量因煤种、煤层及产地的不同而不同，中国煤中氯的含量较低，一般为 0.1%以下，极少数煤中氯含量为 0.1%～0.2%[16]。在烟气中的存在形式不仅与煤的性质有关，也与烟气组分、灰分、烟气流经的污染控制设备等因素有关，并最终对汞的排放规律产生一定的影响。因此，开展相关研究工作探索我国燃煤电厂的汞排放规律，具有重要的环境、经济和社会效益。

第一节　不同煤种下的汞排放

根据煤的煤化度，可将我国的煤分褐煤、烟煤和无烟煤三大类，不同煤化程度的煤中无机矿物和有机质的分布不同；依据煤炭形成年代，通常分为泥煤、褐煤、次烟煤、烟煤和无烟煤等五类煤阶。而汞在煤中的赋存形态由煤的自身组成和结构决定，产地和煤阶为主要影响因素[17]。Allan 等[18]发现汞赋存形态与煤质有关，在低阶煤中大多数汞与有机质结合，而在烟煤中汞主要和硫铁矿物相结合；Yudovich 等[19]将煤中汞赋存形态分成元素态汞、硫化物结合态汞和有机质结合态汞三种类型，且与汞相结合的硫化物中以硫化锌和硫化铅为主；赵毅等[20]指出煤中汞形态以无机结合汞为主，且主要富集于黄铁矿中。苏银皎[17]通过逐级化学提取法探索汞在煤中的具体赋存形态，并得出汞的主要赋存形态在不同等级的煤中明显不同，煤中的大多数汞存在于碳酸盐＋硫酸盐＋氧化物结合态汞、硫化物结合态汞和与有机物相关的汞中，除在泥煤中的主要赋存形态为有机结合态汞以外，在褐煤等四种煤中主要以硫化物结合态汞存在。由于其主要赋存形态以及痕量元素含量不同，导致不同煤种下的汞排放在形态分布以及排放浓度上存在一定的差异，见表 2-1。

表 2-1   不同煤种下汞的排放特性

煤种	条件	Hg 平均排放浓度（$\mu g/m^3$）	参考文献
低 Hg 煤	540MW	1.436	[21]
高 Hg 煤		2.815	
烟煤	330MW	4.90	[22]
无烟煤	350MW	2.00	
贫煤	600MW	10.90	
褐煤	200MW	6..70	
特低硫煤	600MW	9.89	[23]

依煤种不同，燃煤飞灰比表面积不同、残炭反应能力不同，灰样中汞浓度可以发生明显变化，其中烟煤的反应活性较强、容量较大，飞灰对汞的最大捕集能力为贫煤飞灰的两倍。反之，贫煤飞灰比表面积为烟煤的 1/3，残炭和颗粒浓度通常可达烟煤的两倍，但本身容量有限[24]，这也就导致不同煤种条件下的汞排放量不同。吴辉[25]利用管式电加热炉试验系统，采用燃煤烟气 Hg 在线分析仪研究烟气中的 Hg 形态分布，实验结果表明不同煤种燃烧后产生的烟气中 Hg 存在的主要形态为 $Hg^0(g)$，比例在 67%～99% 之间，其中烟煤的 Hg^0（g）比例最低为 67.4%，贫煤的烟气中几乎全部是 Hg^0（g），比例高达 99%。在此实验中煤粉处于层燃燃烧方式，Hg 析出后主要处于较纯净的均相烟气中，由此可得 Hg 的形态转化主要受煤种和烟气组分影响。

就不同煤种而言，导致最终汞排放量不同的原因也不同，其中包括氯含量不同、不同气体对烟气汞形态作用效果不同等，为此很多学者展开了相应研究，并对其进行了探讨。针对高 Hg 煤以及低 Hg 煤，雷映珠等[21]同时采用安大略法和活性炭吸附管法对其进行研究，结果表明，虽然高 Hg 煤对应的氯含量和 Hg 去除率较高，但由于其总 Hg 含量相对低 Hg 煤高得多，其最终 Hg 排放浓度仍然更高。王峥等[26]展开对高氯煤种以及低氯煤种的影响研究，结果表明在 SCR 系统中，NH_3 对低氯煤种产生的烟气汞形态的转变有明显抑制作用，对高氯煤种烟气汞形态的转变有微弱影响。而 NH_3 对烟气汞形态的抑制作用主要是由于氨气与 HCl 或 Hg^0 在催化剂表面的竞争吸附或其与 HCl 反应，导致汞形态转化反应所需的反应物浓度的降低所引起的。殷立宝等[13]利用热力平衡分析方法分别对高平无烟煤、六盘水贫煤、唐山烟煤以及印尼褐煤进行了实验测试，各煤种工业分析结果见表 2-2。结果表明汞在烟气的存在形式为氯化汞，无烟煤所产生的烟气中氯化汞所能存在的温度区间最宽，最有利于汞的脱除，其次是褐煤、烟煤以及贫煤。对比表 2-2 成分可知这主要是由各组分的氯含量所决定的，然而唐山褐煤和印尼烟煤的 Cl 含量差距不大，出现差异的主要因素为其中 S 含量的不同[27]。

表 2-2			各煤种工业分析结果以及汞含量			
煤种	V_{ad}	M_{ad}	A_{ad}	FC_{ad}	Hg（mg/g）	Cl（mg/g）
高平无烟煤	7.21%	3.28%	26.04%	63.47%	3.84×10^{-4}	6.15×10^{-2}
唐山烟煤	28.74%	0.89%	10.23%	60.13%	2.13×10^{-4}	2.00×10^{-2}
印尼褐煤	36.92%	18.29%	11.99%	32.80%	3.29×10^{-4}	2.14×10^{-2}
六盘水贫煤	20..78%	1.32%	31.44%	46.46%	3.48×10^{-4}	1.13×10^{-2}

第二节　生物质掺烧下的汞排放

为降低煤燃烧后产生的汞污染，可以采用生物质与煤的混合燃烧技术，即将生物质掺烧于煤中。由于生物质富含各种元素，因此可以通过添加生物质改变原煤中氯的含量，以促进汞的脱除，还可通过掺烧生物质，在烟气和飞灰表面建立新的平衡，以此促进颗粒汞的形成，进而利用现有颗粒物排放控制设施，如电除尘器、布袋式除尘器，控制燃煤汞排放。生物质掺烧导致汞排放下降的本质原因是生物质中的氯加强了单质汞的氧化作用，将不易脱除的 Hg^0 氧化为更易脱除的 Hg^{2+}。有很多学者对生物质掺烧对汞排放的影响展开了研究，如表 2-3 所示，由此可以得出在合适的掺混比例下，生物质掺烧有益于减少汞排放。

表 2-3		不同生物质与煤的掺混效果	
生物质种类	掺混比例	掺混效果	参考文献
大豆秆	15%	Hg^{2+}比例：14%～30%	[15]
棉秆	10%	Hg^{2+}比例：3%～34%	[13]
污泥	10%	总燃料燃尽率增大	[28]
锯末	15%	颗粒汞转化率：18%～68%	[24]
玉米秸秆	1:1	汞的释放量降低，且会提前释放	[29]
锯末	3:1	促使 Hg 更早开始向 Hg^{2+}转化，对汞氧化有明显促进作用	[30]
锯末	1:1	Hg^0 向 Hg^{2+}转化的温度有所提高	[16]
木屑	20%	促进 Cl 元素向 HCl 转化	[31]
城市污泥	5%	烟气中汞含量低于 $1.4\mu g/m^3$，远低于标准	[32]

棉秆、大豆秆等生物质中富含氯，含有硫、氮等元素，当与煤掺混后，产生的掺混物中各组成比例也发生了相应改变，氯汞比增加，汞灰比无明显变化，硫、氮含量下降，而随之发生变化的是燃煤烟气的汞排放量。燃煤烟气中汞的形态为 Hg^0、Hg^{2+}、Hg^p，其中降低 Hg^0 在烟气中的比例是控制汞排放量的关键，而氯是促进其氧化的主要因素，随

着氯汞比的增大，氯的氧化作用增强，这就导致 Hg^{2+} 比例增大，Hg^0 比例降低，氧化态的汞易吸附于固体颗粒上，进而颗粒汞比例增大；硫燃烧后生成 SO_2，由于生物质掺烧硫含量降低，SO_2 也随之降低，其对汞氧化的抑制作用减弱；NO 一方面可以促进飞灰对汞的吸附，另一方面会消耗羟基抑制汞氧化，其对汞排放的最终影响尚不明确。但目前认为氯是影响汞氧化的主要因素，综合可知，当煤与生物质进行掺烧后，烟气中总气态 Hg 比例下降，即汞排放量下降[33]。具体过程如图 2-1 所示。

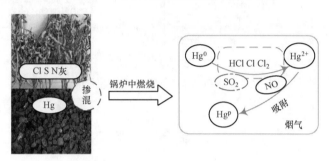

图 2-1 生物质掺烧对汞形态的影响

此外，除秸秆、林业废弃物外，目前常用的生物质包括污泥、粪便与废弃油脂等，其中污泥中包括汞在内的重金属含量较高，在进行掺烧时会使得该类挥发性强的污染物富集在烟气中，李德波等[34]就 300MW 燃煤机组掺杂污泥混合燃烧进行了研究，当污泥掺杂比例小于 8%时，其对于汞等重金属的排放无明显影响。

虽然通过掺混生物质的方式有益于降低汞排放量，但生物质的种类以及掺混比例对其产生的效果仍有一定影响。郭振[24]在汞均相和非均相反应的主要环节，从氯相关反应链入手，进行了包括大豆秆、锯末、棉秆在内的三种生物质以及一种贫煤、两种烟煤的三种煤样中的添加实验。实验发现不同煤种，在生物质添加过程中，均表现出随氯浓度增高和汞氯比增大，颗粒汞转化率先上升后下降其后再度迅速上升的 N 型曲线。从反应动力学角度来看，不同反应温度窗口下氯相关反应的相互竞争关系，可能是不同生物质添加后颗粒汞转化程度不同的主要原因。在部分生物质中，钠、钾等碱金属含量非常丰富，而这些碱金属也可与燃煤烟气中 HCl、S 发生反应，从而影响 Hg 的脱除效果[26]。因此通过选择合适的生物质和合适的掺混比才有可能获得较高的颗粒汞转化率，即需要通过生物质与燃煤间的合理匹配方能获得较好的燃煤汞排放控制效果。此外史晓方[16]也对生物质与煤混燃展开研究，研究结果表明生物质与煤混燃可以促使 Hg^0 更早开始向发生 Hg^{2+} 转化。

对燃煤烟气的处理，在实际过程中是多装置联合工作，SCR 脱硝装置在还原氮氧化物的同时，将 Hg^0 氧化为 Hg^{2+}；WFGD 装置则对 Hg^{2+} 有显著脱除效果；ESP 或 FF 除尘装置可以通过捕获烟气中的粉尘颗粒物，进而除去颗粒态汞；ACI 技术也利用吸附除去一部分汞。生物质的添加通过氯汞比的增高增强单质汞氧化，从运行过程来看，氯含量的增加促进了 SCR 中的氧化过程，进而促进了后续装置对汞的吸收效率，最终达到减少汞排放的结果，具体情况如图 2-2 所示。

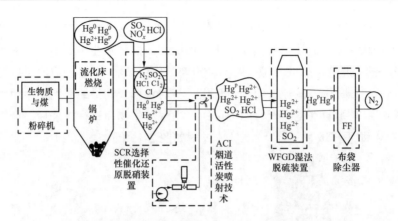

图 2-2　生物质掺烧下各装置汞形态变化过程

第三节　不同负荷下的汞排放

负荷对设备效率的影响是不容置疑的，而机组只有匹配合适的负荷才能最大限度地降低汞排放量。负荷对机组的影响是多方面的，其中包括温度、设备效率等，在多方因素的综合影响下进而影响汞排放量，如表 2-4 所示，因此对不同负荷下的汞排放特性展开研究意义重大。

表 2-4　　　　　　　　　　　　　不同负荷下汞的排放特性

负荷（MW）	条件	单质汞占气态汞总量比例（%）	参考文献
176	四角切圆	70	[35]
180	给煤量 78t/h，炉温 1400℃	31～45	[36]
450	给煤量 173t/h	53.2	[23]
601	给煤量 224t/h	55.3	
660	主器参数 600℃/25.MPa	46.5	[37]
135	循环流化床	50～60	[38]
300	循环流化床	20.39	[39]
600	煤含汞量 0.097（mg/kg）	58.54	

首先，负荷会影响汞在燃烧产物中的形态分布，随着锅炉负荷的降低，飞灰中汞的含量基本保持不变[40]，但刘军娥[41]对不同负荷煤粉炉进行采样并分析，结果如图 2-3、图 2-4 所示，通过对比可知负荷对汞的燃烧产物烟气、脱硫石膏有很大影响。此外负荷还会对烟气中汞的形态分布产生影响，雷映珠[21]根据负荷、煤种两种变量利用控制变量法进行了三种工况共五次试验条件，结果如图 2-5、图 2-6 所示，并得出相较于高负荷，低负荷的 Hg 排放浓度明显较低的结论，其主要原因为低负荷条件下除尘器对 Hg^{2+} 的脱除效果更好，这很可能与低负荷下较低的烟气温度使 Hg^{2+} 更容易吸附有关。而朱珍锦等[42]则选取某大型的配备电袋复合除尘器的典型燃煤发电机组，对不同煤种和负荷条

件下的烟气 Hg 排放特性进行了比较，研究表明，随锅炉负荷的降低，锅炉燃烧产物中汞的绝对量也在降低。虽然烟气中汞的总量在下降，汞的浓度略有降低，但烟气中的汞在燃烧产物中所占的份额却在增加，其原因可能与飞灰粒径及富集因子有关。其次，负荷对不同设备的脱除效果也造成了不同的影响。张翼[43] 对 1000MW 超超临界燃煤机组在 100% 负荷以及 45% 负荷两种工况下汞的排放特性展开研究，就 ESP、WFGD 和 WESP 三设备而言，ESP 在 100% 负荷下对汞脱除效果更好，WFGD、WESP 则在 45% 负荷下脱汞性能更加优良；对整个机组而言，相较于全负荷，45% 负荷下烟气的最终汞排放浓度更低；对 SCR 设备全负荷及 75% 负荷影响不大[44]。

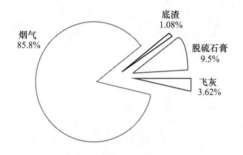

图 2-3　600MW 煤粉炉中汞
在燃烧产物中的分布[41]

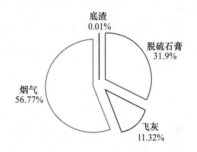

图 2-4　300MW 煤粉炉中汞
在燃烧产物中的分布[41]

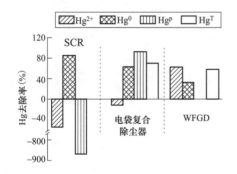

图 2-5　540MW 下烟气污染物处理
设施对烟气 Hg 形态的影响[21]

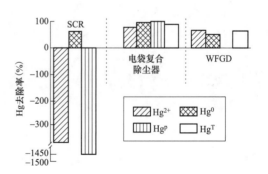

图 2-6　300MW 下烟气污染物处理
设施对烟气 Hg 形态的影响[21]

Hg^T——总汞，为 Hg^{2+}、Hg^0 和 Hg^p 三种形态的总和

第二篇 烟气汞检测篇

第三章

燃煤烟气汞的检测方法

由前两章所述，燃煤发电机组所产生的汞排放是人类汞排放的最大组成部分之一，对环境和人体危害巨大。由我国能源禀赋所决定的，中国工程院发布《中国煤炭清洁高效可持续开发利用战略研究》，该战略表明至 2030 年之前，我国煤炭使用所占能源比例依然将维持在 50%～60%，因此我国将面临相较于其他国家更严峻的汞压力与更急迫的治理环境[45]。此外，由于汞的挥发性，其多数分布在燃煤烟气中，对燃煤烟气中汞的脱除成为汞治理的重要一环[46]。因此，为实现对燃煤机组烟气的精准治理以及保证环保机构对发电企业烟气排放的监测需求，根据不同应用场景、工况选择使用一种精确、快捷的烟气汞检测技术显得尤为重要。常用的烟气汞检测技术包括湿化学法、干法吸附法、样品分析和测试以及烟气汞排放在线监测[47]。

第一节　湿化学法（OH 法）

湿化学法是用来测量固定源烟气中的颗粒态、氧化态、元素态和总汞的含量，其工艺流程如图 3-1 所示。通过取样器/过滤系统从烟气流中等速取样，保持 120℃或烟气的温度，温度取决于二者中更高者，接着烟气流通过一系列置于冰浴中的吸收瓶，从而取得样品。颗粒结合态汞在取样组件的前半部分被收集，吸收瓶结构如图 3-2 所示。氧化态汞在盛有冷的氯化钾水溶液的吸收瓶中被收集。元素态汞在随后的吸收瓶组中被收集（一个吸收瓶盛有冷的酸化的过氧化氢水溶液，三个吸收瓶盛有冷的酸化的高锰酸钾水溶液）。样品被恢复、消解，然后用冷蒸气原子吸收光谱法（CVAAS）或冷原子荧光光谱法（CVAFS）测定汞含量。

总取样时间应至少 2h，但不超过 3h。使用这样一个取样头，其大小能保证等速的取样干气体体积在 1.0Nm³ 和 2.5Nm³ 之间。取样过滤器为石英纤维过滤器，没有有机黏合物，对于 0.3μm 邻苯二甲酸二辛酯烟粒子表现出至少 99.95%的效率（透过<0.05%），包含小于 0.2μg/m² 的汞。并且过滤器材料必须不与二氧化硫（SO_2）或三氧化硫（SO_3）起反应。测试过程中，要保持等速的取样速率在真实等速的 10%内，以保证颗粒汞的采集。

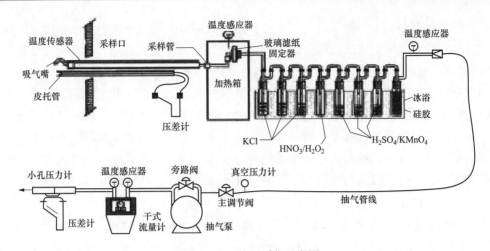

图 3-1　OH 法汞采集示意图

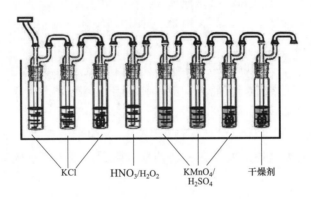

图 3-2　冷凝/吸收瓶结构组示意图

　　冷凝/吸收系统由八个沉浸于冰浴中的吸收瓶和一系列密封的毛玻璃连接管件或无污染的密封管件构成。第一、第二和第三个吸收瓶盛有 1Nm³ 氯化钾水溶液（KCl）吸收氧化态汞。第四个吸收瓶盛有 5%V/V（容积比）硝酸（HNO₃）和 10%V/V 过氧化氢水溶液（H₂O₂）去除二氧化硫的影响。第五、第六和第七个吸收瓶盛有 4%W/V 高锰酸钾（KMnO₄）和 10%V/V 硫酸水溶液（H₂SO₄）对单质汞氧化后吸收。最后一个吸收瓶装有硅胶或其他等效的干燥剂吸收残留水分。分别对滤纸上灰分以及吸收瓶组进行消解分析，可得出烟气相中颗粒结合态汞、氧化态汞和元素态汞的浓度，Hg（总）是颗粒态汞（Hg^{tp}）、氧化态汞（Hg^{2+}）和元素态汞 Hg^0 的总和：

$$Hg（总，μg/Nm^3） = Hg^{tp} + Hg^{2+} + Hg^0 \qquad (3-1)$$

第二节　干法吸附法（30B 法）

一、方法概述

　　该方法以美国国家环保局（EPA）方法 30B 为依据，用以测量烟气中的气态总汞浓度。优点是采样方便、样品量少，缺点是不能采集颗粒态汞和不能对气态汞分形态采集、仅仅能采集气态总汞。操作原理是在采样管里装入由能吸附气态汞的固体吸附剂（比如碘化活性炭等）组装而成的吸附管，将吸附管安装在采样枪的前端，直接放入烟道里面采集气体样。用适当的采样流速从烟气或者管道中采集已知体积的烟气，烟气通过一对在烟道里面的吸附管。在烟道里面把汞收集到吸附剂上，当烟气经过采样探头或者采样线时，应使用缓和的气体流速以避免汞没有被完全吸附。每次测试，两根管都要分析以确定测试的精密性和测试数据的可接受性。评估一个已加入元素汞的回收率来确定测试偏差的现场回收试验也被用来验证数据的可接受性。回收采样系统中的吸附管，为分析的需求做准备，用可以达到美国 EPA 方法 30B 标准要求的合适分析技术分析样品。

二、仪器和耗材

凡是符合美国 EPA 方法 30B 的采样仪器都适用。下面选择 Apex Instruments 公司的 XC-260 烟气采汞仪进行介绍。典型吸附管采样系统如图 3-3 所示，按照美国 EPA 方法 30B 制造的烟气采汞仪 XC-260，基本原理为：在加热（防止烟气冷凝水）采样枪前端安装一对吸附管（安装了汞吸附剂的采样管），使用适当的流速采集烟气。烟气首先经过吸附管，再依次经过冷凝瓶和干燥剂，进入气体流量计得出采样干烟气体积。分析吸附管中采集的气态汞量，除以干烟气体积即为烟气中气态汞浓度。XC-260 是双管路系统，每根吸附管对应单独的一套管路。能单独各自地调节采样流速，最大到 45L/min；显示各自的总采样时间和总采样体积。温度传感器是共用的，其中包含烟气温度、采样枪温度、环境温度和气体流量计入口处温度。如果烟气温度过低，必须加热烟枪到 105℃左右以防止水冷凝。每次采样需两根吸附管，当干燥剂失效时需换，无其他耗材。

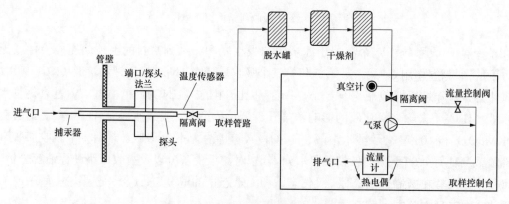

图 3-3　典型吸附管采样系统流程图

三、样品采集和分析

1. 采样前的漏气检测

为安装吸附管的采样系统检测是否漏气。为一对采样系统的每一个连接上真空泵，调节泵到 15mmHg；使用气体流量表，检测漏气率。每个单独的采样系统的漏气率不能超过总采样体积的 4%。一旦达到这个标准，小心地放掉真空泵中的气体，然后封住吸附管插入口，直到烟枪准备插入烟道中。

2．确定烟气的参数

确定烟气的测量环境参数（烟气温度、静压、烟气流速、烟气湿度等）以决定是否使用附件，比如加热系统（如果有）、开始的采样流速、湿度管理等。

3．采样链接

（1）移开每根吸附管末端的塞子，把塞子放入干净的袋子里。移开烟道采样口的盖子，插入烟枪。固定烟枪，确保在烟道和周围环境之间不漏气。

（2）记录开始数据，包括吸附管编号、数据和采样开始时间。

（3）在采样开始前，记录开始流量表读数，烟气温度、表温度（如果有），和其他适合的信息。开始采样，在采样期间，有规律（≤5min）地记录数据和时间、采样流速、流量表读数、记录加热采样线和烟枪的温度（如果加热过）、采样体积读数。如有必要可调整采样流速以保持初始的采样流速。保证总采样体积不超过样品回收测试总体积的 20%。

4．数据记录

在测试期间，获得并且记录工厂基本的运行信息。比如气压（必须获得），以换算成标准状态。在数据收集最后阶段，最后的流量表读数和最后的体积和其他基本参数。

5．采样完后检漏

当采样完后，关掉采样泵，取下吸附管，小心地封住吸附管。在安装吸附管的位置进行另外一次检漏，泵开到采样期间的最大值。记录漏气率和真空。每个采样管的漏气率必须不超过采样期间记录的采样速率的 4%。每一次检漏后，小心地放掉采样泵中的真空。

6．样品恢复

把采样管从烟枪上取下来，封住。擦干净吸附管外面的沉积物。把吸附管放在合适的容器里。

7．烟气湿度测量

如果湿度对校准测量的汞浓度是必要的，在每次采样期间，至少做一次测量湿度。

8．样品保护、储存和运输

这部分提供一个适当的保存样品的标准，使用者为这些测量考虑、确定和准备适当的样品，保护、存储、运输和保存时间同样很重要。因此，应当适当遵循 ASTM WK223 的程序"包装和运输供实验室分析的样品指导"。为了避免汞污染样品，必须保持运输、采样、恢复和实验室分析、准备的吸附墨盒中特殊的清洁度。收集和分析空白样（比如试剂、吸附、现场等），以验证缺失或者源的汞含量。

9．样品链保管

样品链的保管的适当程序和导则标准以保证数据的客观。应当遵守 ASTM D4840-99 "样品链的保管程序标准导则"（包含现场采样和空白）。

10．样品分析

（1）使用任何有能力分析吸附剂里总汞的仪器和技术要进行现场汞分析和样品质量保证，并达到要求。因为多种分析方法、仪器和技术对分析吸附管是合适的，因此不可能提供详细的、特定的技术分析程序。

（2）分析系统校准。在期望的质量范围内选择三点或者更加多点的校准分析（校准范围多点校准，如果有必要）。样品分析必须落在校准质量内，且达到下述的标准。将样品配一系列的稀释以落在校准范围内。然而，当吸附剂在分析过程中被消耗（比如使用热解吸技术），那么在分析样品前，格外小心保证分析系统适合的校准。校准曲线的范围由期望汞含量水平决定的，测量必须落在校准范围内。校准曲线可以直接测量一系列标准溶液或者把标物安装到吸附剂中，然后再为特殊的分析技术来准备样品，然后再分析。每个校准曲线的线性相关系数 r^2 必须大于或者等于 0.99，每个点的仪器响应必须在相对值的 ±10% 之内。在分析任何样品之前，必须做校准。依照校准，独立地分析每个标物。单独的标物测量值必须在期望值的 ±10% 之内。

（3）样品准备。小心地分开吸附管中的各节。把每节的所有物质放一起分析；每节吸附剂之前烟气通过的物质（比如玻璃棉、酸气井等）必须跟本节一起分析。

（4）样品分析。吸附管的每个单独的节和它的相关组成部分必须被分开分析（比如第一节和它的组成部分，然后第二节和它的组成部分）。所有吸附管的第一节采样分析必须在分析系统的标准曲线内。对湿法分析，样品可以简单地稀释以达到分析范围。然而，对于破坏性的热分析，没有在标准曲线的样品不能被重新分析。结果，采样无效，必须采第二次样。强烈建议分析系统的标准包括多个水平的浓度范围，以使热分析样品能落在这范围内。一些样品（比如吸附管的第二节或者当烟气汞浓度小于 0.5μg/dscm 时的第一节），可能汞的水平太低了，不可能在分析系统的标准范围内。因为一个可靠地估计这些低水平汞测量对验证排放数据是必需的，用方法检测限（MDL）来建立能够检出和报告的最小量。如果测量值或者浓度在标准曲线的最低点之下，但是在 MDL 之上，分析步骤如下：在样品中加入在 MDL 和标准曲线最低点之间量的汞，再分析此样品，估计汞含量或者浓度。建立响应系数（每汞含量或者浓度对应的面积量）和基于分析响应和响应系数来估算样品中存在的汞量。例如：分析一个特殊的样品，汞含量为 10ng，在 MDL 之上，在标准曲线最低点之下。MDL 测试表明此方法的 MDL 是 1.3ng。一个含 5ng 汞的标样被分析，响应是 6170 面积量，等同于响应系数是 1234 面积量每纳克汞。对样品的分析响应是 4840 面积量。分析响应量除以响应系数的 3.9ng 汞，估计了样品中的汞含量。

（5）持续校核认证标物（CCVS）的分析。每隔不超过 10 个样品或者一系列分析后，必须分析一个持续校核认证标物（CCVS）。持续校核标物的测量值必须在期望值的 ±10% 之内。

（6）空白。空白分析是可选的。空白分析对缺失或者可接受汞水平的检查是有益的。当低含量汞水平或者它们潜在的第二节管的穿透率需要考虑空白水平；然而，正常的吸附管是禁止有空白水平的。

11. 结果计算

必须依照下面的程序计算和分析数据：

（1）穿透率计算：第二节管汞含量/第一节管汞含量×100。

（2）汞浓度计算：（第二节管汞含量+第一节管汞含量）/采样体积。

（3）湿烟气汞浓度：干烟气汞浓度×（1–烟气湿度）。

（4）一对管的吻合性：两根管测得浓度之差的绝对值/两管浓度之和。

四、质量保证和质量控制

在干法吸附剂法应用过程中，对其质量保证直接关系到对烟气汞的检测效果与准确度，因此质量测试规范性对结果的合理准确起到举足轻重的作用。本小节在表 3-1 中对一系列相关测试标准、频率以及修正措施进行了整理。

表 3-1　　　　　　　　　　　吸附管法质量保证和质量控制标准

质量保证和质量控制测试规范	可接受的标准	频率	如果没有达到的结果
气体流量表校准（选择三个位置或者点）	每次气体流速的校准系数（Y_i）必须在平均值（Y）的±2%内	开始使用前和采样后的检测没有达到 Y 的±5%之内	重新再三点校准，直到达到标准
气体流量计采样后校准检查（单点）	校准系数（Y_i）必须在最当前三点校准 Y 值的±5%内	每次现场采样后。对质量流量计，必须在现场使用烟气	重新在三点校准气体流量计以获得新的 Y 值。对质量流量计，必须在现场使用烟气。在现场测试使用新的 Y 值
温度传感器校准	传感器的绝对温度测量值必须在参考传感器的±1.5%之内	每次使用之前和此后的每次采样前	重新校准；直到达到标准才能使用传感器
压力传感器	仪器绝对的压力测量值必须在参考汞压力器读数的±10mmHg 之内	使用前和此后的每次采样前	重新校准；直到达到标准仪器才能使用
采样前的检漏	≤目标采样体积的 4%	每次采样前	直到检漏通过才能开始采样
采样后的检漏	≤目标采样体积的 4%	采样后	采样无效*
分析系统干扰测试（仅仅对湿化学分析）	建立需要的最小稀释（如果有）以消除吸附剂的影响	所有采样后样品分析之前；每一类吸附剂使用之前	现场采样结果无效
分析偏差测试	2 节浓度水平，每节的 Hg^0 和 $HgCl_2$ 的平均的样品回收率在 90%～110%之间	所有采样后样品分析之前和使用一种新的吸附剂前	直到样品的回收标准达到，才能开始分析采样管
分析单独的校准标物	真实值的±10%	日常校准，分析吸附管之前	重新校准，重新用单独的校准标物分析，直到成功为止
持续校准核查标物（CCVS）的分析	真实值的±10%	日常校准，分析≤10 个样品之后，和在一系列分析之后	重新校准，重新用单独的校准标物分析，重新分析样品，直到成功；对破坏性技术，样品无效
测量总采样体积	现场回收测试期间总采样体积的±20%	每次采样	采样无效
吸附管第二节穿透	如果汞浓度大于 1μg/dscm，则≤第一节汞含量的 10%；如果汞浓度≤1μg/dscm，则≤第一节汞含量的 20%	每次采样	采样无效*
一对采样管吻合性	如果汞浓度大于 1μg/dscm，则相对偏差（RD）≤10%；如果汞浓度≤1μg/dscm，则相对偏差≤20%或者≤0.2μg/dscm 的吸附差异	每次运行	运行无效*

质量保证和质量控制测试规范	可接受的标准	频率	如果没有达到的结果
样品分析	在有效的标准曲线内	所有吸附管的第一节管，当烟气汞浓度≥0.5μg/dscm 时	如果可以，重新分析更多的浓度水平，如果不在标准曲线内，则采样无效
样品分析	在 Hg^0 和 HgCl$_2$ 分析偏差测试范围内	所有吸附管的第一节管，当烟气汞浓度≥0.5μg/dscm 时	扩大 Hg^0 和 HgCl$_2$ 分析偏差测试范围；如果不行，采样无效
现场回收测试	Hg^0 的平均回收率必须在 85%～115%之间	每次现场测试	如果现场回收测试不成功，则现场采样无效

*　一对采样管的数据都无效，参见美国 EPA 方法 30B。

第三节　样品分析和测试

实验中吸附管中 Hg 含量、固液样品中 Hg 含量通过 Lumex RA915 固体汞分析仪分析。

一、吸附管中 Hg 含量分析测试

Lumex RA915 固体汞分析仪的工作原理：基于汞原子对 254nm 共振发射线的吸收和塞曼（Zeeman）效应背景校正技术。

方法：热解析法。

方法依据：所遵循的热解析法是根据美国 EPA 所编制的关于复杂样品不经化学预处理而通过热解析直接测量汞含量的 7473 号方法"US EPA Method 7473"。

利用液体标样（浓度为 1ppm 的汞标液和 5ppm 的汞标液）做标准曲线，数据如表 3-2 所示。

表 3-2　标准曲线数据

序号	标准	M（mg）	C（ng/g）	面积	最大值	时间
1	Std10	1	728	7070	431	13:50:36
5	Std50	1	2810	27300	1450	14:03:42
3、6	Std100	1	5570	54100	3140	14:07:09
4	Std200	1	10800	105000	4790	14:00:03

用液体标样（浓度为 5ppm 的汞标液中含汞 100ng）检查该标线，值分别为 105ng，线性度 R^2 为 0.9992，表明该标线可用。

二、OH 法样品的 Hg 含量分析测试

1. KCl 吸收瓶的消解

确认样品仍保持其来自样品恢复步骤的紫色。紫色的消失表明样品可能失效。应记录并汇报这一事实。分两次加 10mL 羟胺，每次 5mL 的量，用玻棒边搅拌边加入，两次

加入间隔 2min，以使样品变清澈。样品变清后，用移液管清洗容器的侧面和盖子。转移这清澈的样品至 500mL 容量瓶中，用去离子水稀释样品至刻度并摇匀。如果被恢复的样品体积大于 500mL，则稀释至 600mL。在均匀分配至每一消解管之前，将稀释的样品回放入广口瓶中并混合均匀。在分析之前使用 EPA SW 846 7470A 的修改版来消解样品。主要的修改之处是试剂和样品的体积已被减少到 1/10 以减少浪费。试剂体积的减小是可接受的，因为现代专门的汞分析仪器不再需要以前手册方法中所需的大体积。转移 10mL 整数倍的样品量至带有螺帽的消解管中。加入 0.5mL 的浓 H_2SO_4、0.25mL 的浓 HNO_3 和 10mL 的 5%W/V $KMnO_4$ 溶液。混合均匀，并静置 15min。加入 0.75mL 5%W/V $K_2S_2O_8$ 溶液，并盖紧消解管。对消解管称重并记录消解前的重量。将消解管放入干座加热器或装备有温度探头的水浴箱中，并加热至 95℃。不要使温度超过 95℃。在用 2h 或一整夜时间将样品冷却至室温之前，保持样品处于 95℃的状态 2h。在整个消解过程中必须保持由于加入 $KMnO_4$ 溶液而形成的紫色。在加热过程中溶液变清澈表明 $KMnO_4$ 已被消耗。如果溶液变清澈，加入更多的 5%W/V $KMnO_4$（以 1mL 的增量来加）到样品中直到保持紫色不变。对消解管称重并记录消解后的重量。如果消解前和消解后重量的差值大于消解前重量的 1%，则应通过两种方式进行修正：一是稀释因子的精确计算方面，二是通过用去离子水加回到原来的重量。加 10mL 10%W/V 的羟胺溶液到样品中，以 2mL 的增量来加，每次加入间隔 30s。用移液管混合溶液至清澈，确认进行消解管壁和盖子的冲洗。样品清澈后立即进行分析以避免汞的损失。记录用于制备步骤中的增加的溶液的体积，并相应地调整 DF 因子。

2. H_2O_2 吸收瓶的消解

用量筒测量体积并记录下来。用 EPA SW 846 7470A 的修改版来处理样品。在用 CVAAS 分析前，对于适当地处理含有 H_2O_2 的吸收瓶溶液，这一方法的修改是必要的。这些修改包括 HCl 的加入、在加入 $KMnO_4$ 过程中使用冰浴和缓慢地加入 $KMnO_4$。转移 5mL 整数倍的样品量至带有螺帽的消解管中。加入 0.25mL 的浓 HCl，0.25mL 的浓 H_2SO_4，将消解管放入冰浴中，让其冷却 15min。通过以 2.0mL 的增量沿着消解管内壁缓慢加入饱和的 $KMnO_4$ 溶液的方式完全除去 H_2O_2。由于这反应剧烈，为了安全和避免被分析物的损失，需要小心地、缓慢地加入 $KMnO_4$。在每一次加入的间隔中冷却样品 1min，并在每一次加入之前用移液管混匀样品。加入 $KMnO_4$ 直到溶液保持紫色，这说明 H_2O_2 已完全反应。记录饱和 $KMnO_4$ 溶液加入样品的体积。加入 0.75mL 5%W/V 的 $K_2S_2O_8$ 溶液至样品中，然后盖紧消解管。对消解管称重并记录消解前的重量。将消解管放入干座加热器或装备有温度探头的水浴箱中，并加热至 95℃。不要使温度超过 95℃。在用 2h 或一整夜时间将样品冷却至室温之前，保持样品处于 95℃的状态 2h。在整个消解过程中必须保持由 $KMnO_4$ 形成的紫色。在加热过程中溶液变清澈表明 $KMnO_4$ 已被消耗。如果溶液变清澈，加入更多的 5%W/V $KMnO_4$（以 1mL 的增量来加）到样品中直到保持紫色不变。对消解管称重并记录消解后的重量。如果消解前和消解后重量的差值大于消解前重量的 1%，则应通过两种方式进行修正：一是稀释因子的精确计算方面，二是通过用去离子水加回到原来的重量。加 10mL 10%W/V 的羟胺溶液到样品中，以 2mL 的增量来加，每次加入间隔 30s。用移液管混合溶液至清澈，确认进行消解管壁和盖子的冲洗。样品清澈后立即进行分析以避免汞的损失。记录用于制备步骤中的增加的溶液的体积，并相应地调整 DF 因子。

3. KMnO$_4$ 吸收瓶的消解

确认样品仍保持其来自样品恢复步骤的紫色。紫色的消失表明样品可能失效，应记录并汇报这一事实。分 6 次加 30mL 羟胺，每次 5mL 的量，用玻棒边搅拌边加入，每次加入间隔 2min，以使样品变清澈。样品变清后，用移液管清洗容器的侧面和盖子。转移这清澈的样品至 500mL 容量瓶中，用去离子水稀释样品至刻度并摇匀。如果被恢复的样品体积大于 500mL，则稀释至 600mL。在均匀分配至每一消解管之前，将稀释的样品回放入广口瓶中并混合均匀。由于这反应剧烈，需缓慢地加入羟胺。转移 10mL 整数倍的样品量至带有螺帽的消解管中。加入 0.75mL 5%W/V K$_2$S$_2$O$_8$ 溶液、0.5mL 的浓 HNO$_3$ 和 10mL 的 5%W/V KMnO$_4$ 溶液，并盖紧消解管。对消解管称重并记录消解前的重量。混匀溶液。将消解管放入干座加热器或装备有温度探头的水浴箱中，并加热至 95℃，不要使温度超过 95℃。将样品冷却 2h 或一整夜时间至室温之前，保持样品处于 95℃ 的状态 2h。在整个消解过程中必须保持 KMnO$_4$ 溶液的紫色。在加热过程中溶液变清澈表明 KMnO$_4$ 已被消耗。如果溶液变清澈，加入更多的 5%W/V KMnO$_4$（以 1mL 的增量来加）到样品中直到保持紫色不变。对消解管称重并记录消解后的重量。如果消解前和消解后重量的差值大于消解前重量的 1%，则应通过两种方式进行修正：一是稀释因子的精确计算方面，二是通过用去离子水加回至原来的重量。加 10mL 10%W/V 的硫酸羟胺溶液到样品中，以 2mL 的增量来加，每次加入间隔 30s。用移液管混合溶液至清澈，确认进行消解管壁和盖子的冲洗。样品清澈后立即进行分析以避免汞的损失。记录用于制备步骤中的增加的溶液的体积，并调整 DF 因子如有必要的话。

4. 样品的分析

依照仪器制造商提供详细说明的指南，用 LEEMAN 公司的 Hydro Ⅱ AA CVAAS 来分析所有制备的溶液。以 0、1、2、5、10ppb 的汞标准溶液建立标准曲线，如图 3-4 所示。

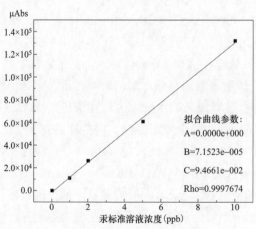

拟合曲线参数：
A=0.0000e+000
B=7.1523e−005
C=9.4661e−002
Rho=0.9997674

图 3-4 Hydro Ⅱ AA 标准工作曲线

5．分析过程质量保证和质量控制

为了验证继续校准的性能，每 10 个样品应该校准检查标准。持续校准检查标准测得的汞含量必须在预期值的 10%内。在准备工作做好后，用这种方法分析部分质量保证/质量控制，按每 10 个样品分析 3 次来重复进行。这些结果必须在每个预期值的 10%内。如果不在 10%内，则必须重新校正仪器，重新分析样品。校准完后，应该分析独立编写的标准（不是用相同的校准原液）。此外，在校准每 10 个样品后，必须分析已知样品（加标样品）。加标样品的汞含量必须在预期值的 10%内。

三、固液样品中 Hg 含量分析测试

固体样品用 Lumex RA915 固体汞分析仪测试，液体样品分析与 OH 法相同，原理同上，此处不再赘述。

第四节　烟气汞排放在线监测技术

一、烟气汞排放在线监测仪器的选择和购买

1．仪器的选择和购置

（1）根据燃煤电厂机组数量、烟囱个数确定采购在线监测仪器的数量。

（2）在线监测仪器的选择要考虑成本、测量精度等因素。

（3）须购置可以测定分形态汞（Hg^0、Hg^{2+}、Hg^t）的烟气汞在线监测仪器。

（4）优先选择技术成熟可靠、通过美国 EPA 认证、市场占有率高，且便于日常维护、有良好的售后服务的烟气汞在线监测仪器。

（5）气态污染物在线监测仪器用低、中、高浓度的标准气体检查时，仪器测定值与参考值的相对误差不超过±5%，响应时间不大于 200s，24h 零点漂移和量程漂移不超过满量程的±2.5%。

（6）流速测量范围的上限应不低于 30m/s，当流速大于 10m/s 时，速度相对误差不超过±10%，当流速小于或等于 10m/s 时，速度相对误差不超过±12%。

（7）温度连续测量系统示值偏差不大于±3℃。

（8）其他要求参见《固定污染源烟气排放连续监测系统技术要求及检测方法（试行）》（HJ/T 76—2007）。

2．附属设备的选择和购置

（1）站房。仪器站房材质要坚硬、牢固、防锈，具有足够的强度，便于吊装和长途整体运输，底座应满足防水要求。站房尺寸各电厂可根据自己的实际情况设计定做。

（2）气源。厂供压缩空气须满足在线监测仪器工作压强的需要。如使用空压机作为气源，则需使用额定功率满足要求的无油空压机，并保证其持续有效工作。

二、烟气汞排放在线监测仪器的安装调试

1．在线监测仪器的安装

（1）每台固定污染源排放设备应安装一套在线监测设备。

（2）在线监测仪器的探头单元应安装在固定污染源烟气净化后气态污染物混合均匀

的烟道上,不宜安装在烟道内烟气流速小于 5m/s 的位置。优先选择垂直管段和负压区域,测定位置应避开烟道弯头和断面急剧变化的部位,距弯头、阀门、变径管下游方向不小于 2 倍烟道直径,以及距上述部件上游方向不小于 0.5 倍烟道直径处。

（3）在线监测探头单元安装位置下游应预留参比方法采样孔,采样孔数目和采样平台按《固定污染源排气中颗粒物测定和气态污染物采样方法》（GB/T 16157）要求确定,以供参比方法测试使用。在互不影响测量的前提下,应尽可能靠近。

（4）仪器分析控制单元须水平固定安装在站房内,并保证站房内温度、湿度等参数满足在线监测仪器的工作需要。

（5）仪器加热管线安装固定过程中须避开高温高湿的点位,转弯处需缓慢平滑过渡,防止烟气堵死;管线如经过道路需采取架空措施。

（6）站房须放置在平坦开阔处,室内地面要保持平整。室内配以照明、空调,不漏风。留有进气口和排气口,做好防水处理。站房内需提供断电保护 UPS 装置,做好接地,以保证仪器和人身安全。安装在较高位置处的站房须采取避雷措施。

（7）其他要求参见《固定污染源烟气排放连续监测技术规范（试行）》（HJ/T 75—2007）。

2. 在线监测仪器的调试

（1）仪器安装完毕后方可进行调试工作,调试之前工况的各项参数须满足仪器正常工作要求。

（2）仪器调试过程中需用零气和标气对仪器和系统进行校准,进行零点和跨度、线性误差和响应时间的检测。要求零气和标气与样品气体通过的路径一致。

（3）仪器调试期间应尽可能保证各项参数的稳定,仪器连续运行时间应不少于 168h。

（4）仪器正常运行 168h 后进行检测,检测时间不少于 72h。检测期间除检测仪器零点和量程校准的数据外,不允许计划外的维护、检修和调节仪器。在此期间数据零点漂移和量程漂移须满足要求。

（5）在线监测仪器检测完毕正常运行 90 天后复检,复检时间不少于 24h。复检满足要求则仪器调试结束,可按规定传输数据。

（6）其他要求参见《固定污染源烟气排放连续监测技术规范（试行）》（HJ/T 75—2007）。

三、烟气汞排放在线监测仪器的运行和管理

（1）根据仪器使用说明书和我国相关国标编制烟气汞 CEMS 操作管理规程,并由专人负责仪器及其附属设备的运行和维护。明确仪器管理人员的职责,经培训合格后上岗。

（2）在线监测仪器运行期间,每周至少巡检一次,而且应建立工作日志制度,每次巡检应记录并归档。日常巡检规程包括系统的运行状况、在线监测仪器工作状况、系统辅助设备的运行状况、系统校准工作等必检项目和记录,以及仪器说明书中规定的其他项目和记录。

（3）日常巡检中更换备件或材料,应对更换的备件或材料的品名、规格、数量、更换时间等信息记录并归档。对发现的故障或问题,系统维护人员应及时处理并记录。如更换备用仪器或关键部件（如光源、分析单元），则应对仪器重新调试检测合格后方可投入运行。

（4）仪器每 24h 至少自动校准一次，不超过 15 天用零气和标气或校准装置校准一次仪器的零点和量程，并检查响应时间。零点漂移和量程漂移、响应时间以及其他相关要求应符合《固定污染源烟气排放连续监测系统技术要求及检测方法（试行）》（HJ/T 76—2007）标准要求。

（5）仪器使用的除湿、滤尘、除油等材料应定期更换。一般不超过 3 个月更换一次采样探头滤料和除湿、滤尘材料。如使用空压机作为气源，则需定期清除空压机泵体过滤器上的灰尘（如损坏严重则需更换），并及时排水；如使用厂供气源则需保证充足稳定的空气压强，并定期检修。

（6）仪器探头应注意雨雪防护，站房内保持整洁卫生。

四、烟气汞排放在线监测数据集成系统

（1）一般由数据采集单元、数据存储单元、数据传输单元、电源单元、接线单元、显示单元和壳体七部分组成。

（2）数据采集单元仪器应自带备用电池或配备稳压电源，在外部供电切断情况下能保证数据采集传输仪连续工作 6h，并且在外部电源断电时自动通知工作人员，断电重新供电后仪器可自动启动运行。

（3）数据存储单元应至少存储 14400 条记录，具有断电保护功能，以保证断电后存储的数据不丢失；数据传输单元应采用可靠的数据传输设备，保证连续、快速、可靠地进行数据传输。

（4）电源单元要求具备防浪涌、防雷击功能，要求在电压变化±15%情况下保持电压输出不变。

（5）接线单元要求采用工业级接口，接线牢靠、方便，便于拆卸，接线头应被相对密封，防止接线头腐蚀、生锈或者接触不良。

（6）显示单元要求仪器自带显示屏，应能显示所连接在线监测仪器的实时数据、小时均值、日均值和月均值，还应能够显示污染物的小时总量、日总量和月总量。

（7）壳体单元应采用塑料、不锈钢或者经过烤漆处理的钢板等防腐材料制作，壳体应坚固密封，以防水、灰尘、腐蚀性气体进入壳体腐蚀控制电路。

（8）在线监测数据须实时上传到管理部门，试点工作期间应同步上传试点工作技术组，保证技术组和领导组实时掌握各试点电厂的烟气汞排放数据，并定期编制和上报大气汞在线监测月报。

（9）仪器管理人员应定期下载备份数据，并将数据记录归档。

（10）其他要求参见《污染源自动在线监控（监测）数据采集传输仪技术要求》（HJ 477—2009）。

第四章

燃煤烟气汞的检测设备

　　本次烟气测试分为烟气中颗粒态样品采集及气态样品采集，其中颗粒态样品采集选用 EPA 的固定源烟气颗粒物采样方法 5，气态样品采集选择美国 EPA 方法 29 分析各重金属以及美国 EPA 推荐的 30B 汞采样方法。其中方法 29 采样系统复杂，且人为误差较大，30B 采样方法简单结果可靠，其对汞的分析结果与方法 29 中汞的分析结果进行对比。

第一节　烟气参数的测定与计算

　　1. 参数的测定

　　名词的解释：

　　PM10：空气动力学直径小于或等于 10μm 的颗粒物；PM2.5：空气动力学直径小于或等于 2.5μm 的颗粒物；PM1：空气动力学直径小于或等于 1μm 的颗粒物；PM0.5：空气动力学直径小于或等于 0.5μm 的颗粒物；PM0.2：空气动力学直径小于或等于 0.2μm 的颗粒物。

　　在开展颗粒物采样之前，需要对烟气环境参数进行测定，本次测试采用德国 Testo 350-PRO（见图 4-1）测定烟道气的压力、温度、流速、O_2、CO、CO_2、NO_x、SO_2 等参

图 4-1　Testo 350-PRO 烟气综合分析仪

数。Testo 350-PRO 适合应用于连续监测分析和控制测量工业中燃烧设备装置等的测试，该仪器由烟气分析仪装置、手操器、采样管、软管等组成。

测试步骤为，接通烟气分析仪点源，启动后进入流速及压力自动基线归零程序，待仪器自动校准完毕后输入所测固定源烟道或排气筒的形状、尺寸/直径等参数，依次按下"泵启动"和"风速开"菜单，仪器自动传感器归零，然后将分析仪采样探头通过法兰放入烟道中进行测试，烟枪放入烟道后用布料将法兰孔进行封堵，减少漏风对测试结果的影响。烟枪放入烟道后不断对皮托管的方向进行微调，直至测试烟气流速达到最大值，待烟气分析仪所显示的读数稳定后记录测试结果。烟气湿度的测试采用干湿球法进行测定，测试时将武汉天虹 TH-880F 烟气分析仪连接好后向湿球储水仓内加入半仓水，待湿球完全湿润后打开采样泵对烟气湿度进行测试，待读数稳定后记录测试结果。

2. 等速采样嘴的选择计算

颗粒物采样标准要求对烟气中总尘及 PM10 的测试进行等速采样。依据德国烟气分析仪所测出的采样点位烟道气体流速，利用以下公式计算等速采样嘴的直径：

$$D = 2 \times \sqrt{\frac{T_1 \times P_2 \times V_\mathrm{f}}{T_2 \times P_1 \times \pi \times \mu_1}} \tag{4-1}$$

其中　T_1——烟道气温度，K；

P_1——烟道气压，kPa；

μ_1——烟道气流速，m/s；

T_2——计前温度，K；

P_2——计前压力，kPa；

V_f——采样流量，m³/s。

3. 采样流速的确定

具有旋风切割器的采样设备，烟气采样流速由旋风切割器的设计参数决定，通过气体状态参数的换算得出需要设定的采样流速。等速采样的速度由实时烟气流速及选定的等速采样嘴大小决定。

第二节　烟气中颗粒物采样

大气中的颗粒物从其来源可以分为两类：一是污染源直接排放的一次颗粒物及气态污染物；二是大气环境中反应生成的二次颗粒物。固定源烟气排放产生的一次颗粒物又分为可过滤颗粒物及可凝结颗粒物，美国 EPA 认为烟气中颗粒物的含量是温度及压力的函数，随着温度的降低烟气中部分气态污染物能够凝结成固态的颗粒物，而且凝结成的颗粒物都属于 PM2.5。因而固定源采样方法中定义了工作温度在 30℃ 以下的采样膜上所过滤到的烟气中所含的颗粒物包含两部分：第一部分为可过滤颗粒物，第二部分为可凝结颗粒物。为此，EPA 专门制定了可凝结颗粒物的采样方法（方法 202）。EPA 的固定源烟气颗粒物采样方法 5 适用于水分较高的烟道气颗粒物的采样。由于需要对采样枪及膜过滤装置进行加热保持采样温度在 120℃左右，方法 5 测试所得结果为烟气中可过滤颗粒物，不包含烟气中可凝结颗粒物；方法 201a 提供了一种在烟道内对颗粒物进行 PM10、PM2.5 两级切割和过滤的采样方法，由于该方法测试时滤膜的操作温度就是烟道中的烟气温度，而我国燃煤电厂烟气温度通常在 80℃，该温度下所采集的颗粒物样品也无法包含所有的可凝结颗粒物；CTM-039 方法，提供了一种通过稀释将烟气温度降低到室温，同时解决烟气中水分由于温度降低而超过露点形成水滴的问题，该方法测试得到的颗粒物可被认为是既包含可过滤颗粒物部分，又包含可凝结颗粒物部分的一次颗粒物。

本实验对三和电厂 1 号锅炉的脱硫后、湿式电除尘后 2 个工艺流程的烟道中的颗粒物样品进行了采集，采集的方法及设备介绍如下：

1. 固定源烟气总颗粒物的直接采样

（1）设备结构。总颗粒物采样器如图 4-2 所示。从图 4-2 中可以看出，该套采样设备包括一个可以更换采样嘴的膜夹、皮托管及温度计、撞击瓶组、采样泵、带温度压力计的干烟气体积流量计组成，采样时装有 47mm 的膜夹同烟嘴一同放入烟道中采样，大大缩短了颗粒物在采样枪中的传输距离。工作时采样膜工作温度与烟气温度相同，避免了烟气中水分的冷凝问题，同时省去了伴热部件。该套系统可根据实时采集的流速信息调节采样流量，从而实现等速采样，基本符合 EPA 方法 17 的采样要求。采样时烟气中可过滤颗粒物在烟枪最前端的滤膜上被捕集下来，采样膜的工作温度与烟气温度相同。因此所采集到的颗粒物为烟气中可过滤的总颗粒物（PM-FIL）。

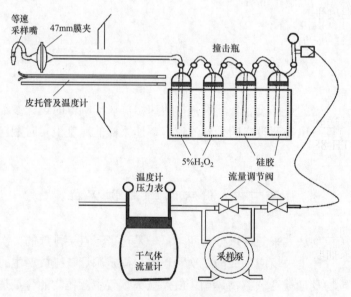

图 4-2 总颗粒物采样器

在对除尘前的高尘烟气颗粒物的采样过程中，我们还采用了我国环境标准规定的滤筒法进行了总颗粒物的采样，国标中采样设备结构与图 4-2 基本相同，只是图中的膜夹改为了滤筒托。采样原理相同，实际采样过程由国标中推荐的武汉天虹 TH880-F 型烟尘采样仪（见图 4-3）完成，该设备应用皮托管等速采样重量法捕集管道中的颗粒物，应用定电位电解法定性定量测定有害气体。

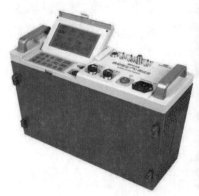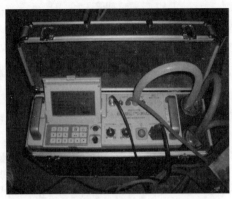

图 4-3　武汉天虹 TH-880F 型烟尘采样仪

（2）采样步骤。采样开始前检查采样口的，依据烟气流速计算并选择等速采样嘴；将采样嘴装好后依次连接整套采样设备；连接完毕后将采样嘴用胶皮堵住，打开采样泵进行气密性检查，采样泵工作同时干烟气流量计读数变化逐渐减慢说明设备气密性完好，之后将采样枪及膜托放入烟道中进行温度平衡至少 30min，也可以用加热枪将采样枪加热到需要的温度后再放入烟道。依据烟道横截面面积及烟道壁的厚度设计采样的布点，并按照布点放置烟枪，烟枪就位后用毛巾将采样法兰封堵，尽可能地减少漏风对采样的影响。待烟枪温度平衡后，归零计时器及干烟气气体流量计的读数，启动采样泵并调节至所需采样流量，记录采样点位基本情况，采样环境基本情况，采样开始的时间，烟气温度、压力、流速等基本参数。采样开始后按设定的采样时间切换点位。采样结束时，为防止烟道负压导致倒吸，应先将烟枪从烟道中取出再停止采样泵，膜夹从烟道中取出后连同等速采样嘴一起立即从烟枪上拆下，并时刻保持采样膜垂直向上，取下的膜夹和等速采样嘴一同送到实验室更换采样膜和进行样品的恢复。

武汉天虹 TH-880F 型烟尘采样仪的滤筒采样具体测试过程为：首先用较短的烟枪测量烟气湿度（干湿球法），待示数稳定后记录，然后用较长烟枪预测流速，同上选取合适直径采样嘴后，将准备好的滤筒装填到较长烟枪前段，并拧紧烟嘴，按照标准规定的一定尺寸/直径烟道对应采样点位数量和分布开始采样。采样时间同样视烟尘浓度大小而定。采样时将烟尘采样枪由采样孔放入烟道中，将采样嘴置于测点上，正对气流方向，按等速采样要求抽取一定量的含尘气体，根据滤筒捕集的烟尘重量以及抽取的气体体积，计算颗粒物的排放浓度。同时测量并打印或记录烟气动压、静压、烟气温度等烟气基本参数。

（3）采样膜的更换。换膜时应保持操作环境的清洁，避免空气对流，操作人员佩戴口罩及不会产生静电的聚酯手套，换膜时用干燥清洁的镊子将膜从膜夹中拆下并放入带编号的膜盒，取下的膜应立即放入干燥箱进行平衡。

采样膜取下后将膜夹和采样嘴上的残余颗粒物用丙酮进行恢复。之后用酒精对膜夹和采样嘴进行清洗备用。

（4）方法特点。该采样方法基本符合美国 EPA 方法 17 的要求能够收集烟道中可过滤颗粒物。由于采样膜置于烟道内，因而不需要伴热系统采样膜工作温度与烟气温度相同。由于可以依据烟道中烟气流速动态调节采样流速因而可以实现等速采样。

2. 固定源烟气 PM10 颗粒物的直接采样

（1）设备结构。PM10 颗粒物采样器如图 4-4 所示。

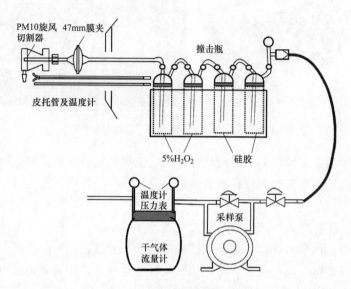

图 4-4　PM10 颗粒物采样器

从采样设备示意图中可以看出，该套采样设备包括：可以更换采样嘴的 PM10 旋风切割器、膜夹、皮托管、温度计、撞击瓶组、采样泵、带温度和压力计的干烟气体积流量计组成。与之前介绍的颗粒物 PM 采样装置类似，该设备工作时采样膜工作温度与烟气温度相同，避免了烟气中水分的冷凝问题，同时省去了伴热系统。由于前置 PM10 采样切割器，因而采样时需要采用恒流采样，通过等速采样嘴的选择来实现近似的等速采样。采样时烟气中空气动力学直径大于 10μm 的颗粒物在旋风切割器中被捕集下来，空气动力学直径小于 10μm 的颗粒物在烟枪最前端的滤膜上被捕集下来，采样膜的工作温度与烟气温度相同。因此所采集到的颗粒物为烟气中可过滤的空气动力学直径小于 10μm 的颗粒物（PM10-FIL）。

（2）采样步骤。该套采样设备的采样操作步骤与总颗粒物采样器相同。

（3）采样膜的更换。该套采样设备的换膜步骤与总颗粒物采样器相同。

（4）方法特点。该采样方法基本符合美国 EPA 方法 201A 的要求，能够收集烟道中可过滤的 PM10 以下的颗粒物。由于采样膜置于烟道内，因而不需要伴热系统采样膜工作温度与烟气温度相同。由于采用了 PM10 旋风切割器，因此只能采用恒流采样。通过选择等速采样嘴来实现近似的等速采样。

3. 固定源烟气 PM10、PM2.5 颗粒物的直接采样

（1）设备结构。PM10、PM2.5 颗粒物的直接采样如图 4-5 所示。

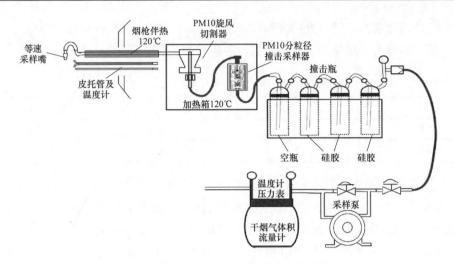

图 4-5　PM10、PM2.5 颗粒物的直接采样

由图 4-5 可知，该套采样设备包括：可以更换采样嘴并带伴热的采样烟枪、放置于加热套中的 PM10 旋风切割器和 PM10 分粒径撞击采样器、皮托管、温度计、撞击瓶组、采样泵、带温度计和压力表的干烟气体积流量计。采样时烟枪及加热套中的切割器、撞击采样器均被加热到 120±10℃。由于配置有 PM10 采样切割器，因而采样时需要采用恒流采样，通过等速采样嘴的选择来实现近似的等速采样。PM10 分粒径撞击采样器采样荷兰 DEKATI 公司生产的 PM10 撞击器（见图 4-6），用于烟气颗粒物采样，分为 PM10、PM2.5、PM1.0 三级采样，采样时样品气流量 10L/min，收集板尺寸 25mm，过滤级 47mm 滤膜。

图 4-6　撞击器

撞击器主要参数如下：

1）标称采样流量：10L/min 或者 30L/min。

2）采集颗粒物：0～10μm。

3）重量：2.4kg。

4）撞击器尺寸：$\phi65\times150$（mm）。

5）撞击器材质：不锈钢。

6）流量控制要求：流量准确度控制在±5%时中位径切割准确率为±2.8%。

7）撞击器分为三级撞击，一级过滤，各级参数见表4-1。

表 4-1 撞 击 器 参 数

状态	D50%（μm）	状态	D50%（μm）
PM10	10	PM1.0	1.0
PM2.5	2.5	过滤器	0

采样时烟气中的颗粒物被加热到120℃的采样枪抽取到烟道外，随后进入加热套中的旋风切割器，空气动力学直径大于10μm的颗粒物在旋风切割器中被捕集下来，粒径小于10μm的颗粒物在烟枪最前端的滤膜上被捕集下来。为防止冷凝水对采样的影响，切割器和撞击采样器都被加热到（120±10）℃范围内。因此该方法能够分粒径地采集到烟气中可过滤的空气动力学直径小于10μm的颗粒物（PM10-FIL）。

（2）采样步骤。本套设备除了结构上将PM10旋风切割后置到采样枪的末端以及采用分粒径颗粒物撞击器进行颗粒物采集之外，采样设备的采样操作步骤与总颗粒物采样器相同。采样开始之前需要将连接好的设备预热 30min，等采样枪及伴热套中的切割器及撞击器温度在设定范围内达到平衡后才能开始正式采样。

（3）采样膜的更换。

1）PM10采样头换膜时首先拆卸采样头零部件，每一采样级按顺序摆放至铝箔纸上。

2）对每一采样级拆分后级进行酒精，保证无缺失部件。酒精擦拭方法与DGI采样头一致，但其换模方法有所差异。

3）清洗完采样级后，使用镊子夹取直径为25mm的采样膜放置于图4-7所示位置，确保放在膜托的中心。记录采样膜编号及对应采样级。

（a） （b）

图 4-7 采样膜更换操作

4）使用图示工具，将O形环和衬片放上后，把装有膜的膜托倒扣至衬片上并压紧。

5）装好膜后再按顺序安装好膜托（见图4-8），封闭后即可进行采样。

TSP采样头装膜：

TSP采样头内部不分级，只需如DGI清洗采样头零部件，装膜并记录即可。

PM10颗粒物分级采样设备的换膜需要十分谨慎，由于撞击器上的采样膜被卡环固定在捕集板上因此在换膜过程中需采用配套的拆膜工具将卡环取下并尽力避造成膜的损坏，如果发生膜破裂并产生碎片，需要收集齐全所有碎片并一同称量。

図 4-8　膜托安装操作

（4）方法特点。该采样方法基本符合美国 EPA 方法 201A 的要求，能够分粒径采集烟道中可过滤部分的 PM10 以下的颗粒物。采样膜和切割器置于烟道外，由加热套加热并稳定在 120℃附近。由于采用了 PM10 旋风切割器，因此只能采用恒流采样。通过选择等速采样嘴来实现近似的等速采样。由于采样器分为 4 级，因此能够采集到空气动力学直径 10μm 以下的可过滤颗粒物（PM10-FIL），并可以分为 10、2.5、1.0、不大于 1.04μm 四个粒径分布阶段。

4. 稀释法 PM2.5 采样

（1）设备结构。稀释采样系统如图 4-9 所示。

稀释采样设备由荷兰 DEKATI 公司生产的 FPS4000 颗粒物采样稀释系统（见图 4-10）及 DGI 颗粒物 PM2.5 分粒径撞击采样器组成，PFS4000 细颗粒取样器是为燃烧或其他工业过程中颗粒测量所设计的完整的采样系统。通过对稀释率，稀释温度和停留时间的调整，可以得到灵活而且定义明确的烟气样品，使得从电厂烟囱中取出的试样达到测量仪器对试样的浓度和温度的要求。

PFS4000 颗粒物采样的稀释过程分两步完成，第一稀释阶段是由多孔管技术来完成，这一技术在气溶胶的研究中被证明是一种有效的工具，稀释率和稀释温度在第一段中是可控与可调的。试样在样品温度下稀释可以减小挥发和半挥发性的蒸汽的影响，冷却稀释可以扩大形核与凝结效应。第二阶段的稀释是采用喷射稀释器，利用取样泵并且使样品回到室温。喷射稀释的稀释率也是可以控制和调整的。PFS4000 细颗粒取样器是可以应用于各种可控颗粒取样的完整的取样系统。

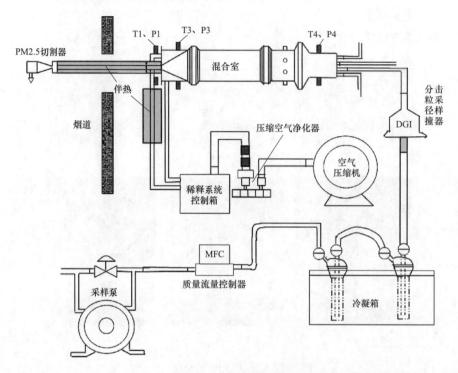

图 4-9　稀释采样系统

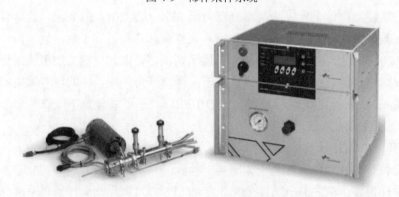

图 4-10　FPS4000 颗粒物采样稀释系统

稀释后的烟气中颗粒物的捕集工作由 DGI 撞击采样器完成，DGI（Low Pressure Impactor）由芬兰 Dekati 公司制造，是现有测量颗粒物较为准确和精密的仪器之一，主要对气溶胶中空气动力学直径在 2.5μm 以下的颗粒物进行分级收集，共分为 5 级。其操作方式是利用真空泵使被测量气溶胶流过该仪器。测定原理是根据颗粒的尺寸进行选择性收集的冲击分析仪，每一个级由 2 个共线的平板组成，两板中有一个带有喷嘴，被测气溶胶高速通过喷嘴，在 2 板间发生急转弯，惯性大的颗粒不能够随气流继续前行而落在第二块平板上，惯性小的颗粒随气流继续前进。分级冲击仪的直径界点是由依次减小的几个冲击段串联而成。颗粒质量谱是通过称量各板上的颗粒物质量得出。稀释系统和 DGI 联合采样所得到的样品为烟气中的一次 PM2.5 颗粒物（PM2.5-PRI）。DGI 各级撞击板可以根据研究需要安装铝膜、石英膜、Teflon 膜或其他材质滤膜，进行称重或相应的化学分析。采样器可 4 级装击放置 47mm 的采样膜，1 级过滤放置 70mm 的过滤膜。

称重式撞击采样仪（DGI）：用于烟道气或大气中 PM2.5 以下颗粒物分级收集。

1）技术参数。

称重式撞击采样仪由以下部分组成：采样器，质量流量控制器（MFC），真空抽气泵。

温度：−20～350℃。

湿度：<95%。

2）采样器切割范围。

撞击采样器的采样流量与切割粒径之间的出厂标称关系见表 4-2。

表 4-2   撞击采样器的采样流量与切割粒径

$D_{50\%}$（μm） V（lpm）	50	60	70	80	90	100
状态 4	2.968	2.703	2.497	2.330	2.193	2.076
状态 3	1.201	1.089	1.002	0.932	0.874	0.825
状态 2	0.608	0.547	0.499	0.461	0.428	0.401
状态 1	0.264	0.230	0.201	0.177	0.154	0.131

3）采集饱和样量：10mg/级（Max）。

4）流量：标准流量 70L/min，最大 100L/min。

5）材质：316 不锈钢，铜。

6）重量：1.5kg。

7）规格：ϕ110×100（mm）。

8）抽气泵：极限真空度 1mbar，排气量＞22m³/h。

（2）采样步骤。

1）稀释系统的准备。依次连接完毕空气压缩机与稀释系统后对整个稀释系统进行气密性检查，通过气密性检查后方可将采样枪放入烟道，在稀释系统控制模块中设定好稀释系统各部件的工作温度并按所需稀释比设定稀释系统工作模式，设定完毕后使稀释设备预热 30min。通过稀释系统控制模块中显示的各部件的工作压力及温度检查稀释系统工作状态是否达到正常，本次实验中设定的烟枪伴热温度为 120℃，一级稀释气温度为 80℃，二级稀释气温度为环境温度。

2）撞击采样器的准备。开始采样前，利用流量计对质量流量控制器进行校准，然后依次将 DGI 颗粒物分粒径撞击采样器、冷凝除湿设备、质量流量控制器、采样泵依次连接好。用胶皮将 DGI 采样器入口堵住，打开采样泵，观察质量流量控制器的流量读数变化，若流量读数能够小于量程的 5%说明采样器气密性完好。由于冬季采样环境温度较低，在气密性检查通过后，还需要采用保温套将撞击器及连接管路用保温棉包好防止由于冷凝造成的颗粒物损失。

3）开始采样及数据记录。当稀释系统各部位温度、压力、稀释比、流速等运行参数所处范围都正常时，用导电胶管连接稀释器烟气出口与 DGI 采样器入口。

（3）采样膜的更换。

1）准备工作：整理实验台，保证换模空间足够；为减小装膜过程中脏物干扰，将适量铝箔纸平铺在实验台上，后续操作均在铝箔纸上进行；倒入适量酒精于干净的烧杯中备用；实验员戴上橡胶手套准备擦拭采样头。

2）DGI 采样头如图 4-11 所示，打开采样头密封盖，从上到下依次取下采样头中每一级托盘，并按顺序摆放于实验台上，此过程切记不能将托盘顺序混淆，以免影响后续实验。随后使用棉签蘸取适量酒精用力擦拭托盘所有面积，尤其是膜托及有烟气通过的地方；取出膜托上的橡胶圈用无尘纸蘸取酒精擦拭并晾干，擦净橡胶圈凹槽晾干后放入橡胶圈并保证橡胶圈与凹槽位置吻合。为避免后续实验中混淆每一级，用签字笔标明序号。喷嘴处为烟气通道应将蘸有酒精的面巾尽量伸入喷嘴口擦拭脏物。

图 4-11　DGI 采样头示意图

3）使用洗耳球吹洗所有托盘及膜托，加快酒精蒸发的同时尽量吹净酒精清洗时残留的棉絮物以减少误差。

4）待所有酒精擦拭处晾干后，按 DGI 采样头设定顺序从下到上依次安装，过滤剂选用直径为 70mm 的采样膜，放膜之前检查膜的正反，光面朝上，使用镊子夹取采样膜尽量放置于膜托正中；其余采样级均使用直径为 47mm 的采样膜，操作步骤同上。每换上一张膜应将采样膜编号记录于采样本上，以供采样后膜的分析处理。待每级安装完毕后应按压托盘，略有弹性方可，并保证每级托盘间严丝合缝。

5）将采样头密封盖小心扣上，轻压密封盖至与底座完全贴合将卡环套上后进行密封。由于实验进行时环境温度较低，为防止采样后烟气冷凝产生液滴影响采样结果，使用自制保温套包裹采样头。放好膜的采样头从实验室运往采样现场途中，应尽量避免采样头倾斜，以免采样膜偏移。

6）采样完毕后，尽量让采样头平移运往实验室，避免采到的样品损失。取膜前小心地拆开采样头卡环，用镊子夹取采有样品的采样膜放置对应的膜盒，操作过程要求实验员尽可能减少样品损失，待取完所有采样膜后将所有样品重新放置干燥器内备用。

7）对采样头零部件进行详细地清理擦拭，并换上实验对应的采样膜准备第二次采样。

（4）方法特点。该采样法通过稀释将烟气温度降低到室温，同时由于采用的是洁净干空气作为稀释气，稀释后烟气湿度远远低于露点，因此解决了脱硫后烟气高湿的问题。稀释后撞击器工作的温度为室温，则该套采样方法所采集到的颗粒物为包含可过滤颗粒物及可凝结颗粒物的一次颗粒物。该采样方法基本符合美国 EPA 的 CTM-39 的要求。

第三节　烟气中气态重金属采样与分析

一、EPA 方法 29

此次测试选用由美国 EPA 方法 29，该方法的基本用途及流程在本文第二节中已有介绍。该取样系统由加热保温玻璃取样管（含加热装置）、过滤器（石英纤维滤纸和滤纸固定部件）、流量控制仪、一组浸渍于冰浴中的吸收瓶、抽气泵和真空计等部分组成。取样装置对烟气进行等速采样，为防止水蒸气凝结而造成烟气汞在取样管中的吸附损失。烟气中颗粒态重金属在烟气流过过滤器时被石英纤维滤纸捕集而分离。随后烟气进入吸收瓶，吸收瓶中所装药品如图 4-12 所示。其中第一个瓶为空瓶，其作用是收集烟气中水蒸气所凝结的水；2、3 号瓶为 5% HNO_3 及 10% H_2O_2 混合物，气态 Pb、Cd、Cr、As 和 Hg^{2+} 即被前三个撞击瓶采集到；4 号瓶为空瓶，起缓冲的作用，防止 2、3 号瓶中具有还原性的 H_2O_2 将 5、6 号瓶中的 Hg^{2+} 还原；5、6 号瓶中装有 $KMnO_4/H_2SO_4$ 溶液，采集气态 Hg^0，用于将烟气中氧化为离子态而被溶解吸收；7 号瓶用硅胶作为干燥剂，吸收烟气中剩余的水分，防止水蒸气对后续仪器的损坏。上述溶液均在采样之前 2h 内配制，并密封送至取样位置进行采样，采样结束后立刻密封，并在 2h 内送回分析师进行样品恢复，为其后的消解和分析做准备。

根据上述方法配制吸收液并按照该方法将吸收液放置现场，与采样时间相同，但不进行烟气采集。随后将该吸收液按采样后的相同步骤进行恢复保存，量取各样品适当体积作为野外空白试剂。

实验材料及试剂：

试剂水：待测金属含量应低于 1ng/mL；

浓硝酸：Baker Instra-分析级；

浓盐酸：Baker Instra-分析级；

过氧化氢：30%（V/V）；

高锰酸钾：固体；

41

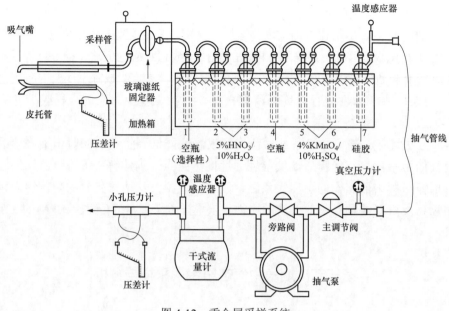

图 4-12　重金属采样系统

浓硫酸；

硅胶：新购；

碎冰块。

二、30B 法

美国 EPA 方法 30B《使用碳吸附管法测量燃煤锅炉排放的总气态汞》，用以测量烟气中的气态总汞浓度，该方法操作简便、样品量少，但不能采集颗粒态汞且不能对气态汞分形态采集。方法的基本原理是，将装有一对活性炭吸附剂吸附管的采样枪直接伸入烟道内，用适当的采样流速从烟道中采集一定体积的烟气，烟气中气态汞在烟道里面就被收集到活性炭吸附剂上，当烟气经过采样探头或者采样线时，要时刻注意采样流速，使用缓和的气体流速以避免汞吸附不完全。每次采集后，两根管都要分析以确定测试的精密性和测试数据的可接受性。采样完后需回收采样系统中的吸附管，用合适的分析技术分析活性炭样品。该方法具体内容可见第三章第二节，采样系统流程如图3-3 所示。

1. 分析方法

此次测试中颗粒态样品和液体样品分析均使用 ICP-MS 分析，烟气中颗粒态重金属使用特氟龙膜采集，分析时须先进行微波消解及稀释后才可使用 ICP-MS 分析。方法29 采集到的液体样品在进入 ICP-MS 分析之前也严格按照方法 29 中的标准进行样品前处理。

2. 样品前处理

此次测试所采集的颗粒态样品（特氟龙膜）在使用 ICP-MS 分析前须先进行微波消解。微波是电磁波中位于远红外与无线电之间的电磁辐射，其频率为 300MHz～300GHz，即波长在 1mm～1m 范围内的电磁波。微波消解就是利用样品与各种酸吸收微波能量，并将其转化为热能而完成的。能量的转化，也就是样品与酸加热的过程，这种加热被形象地称为"内加热"。其原理相当复杂，理论基础涉及物理化学、热力学、电磁辐射和介质材料学，被认为是由多种机理共同作用而产生的。但普遍认为起主要作用的有两种机理：离子传导和偶极旋转机理，极性分子受微波辐射时，分子的电偶极子的旋转方向要与微波场的振动方向一致，由于常用的微波频率为 2450MHz，所以液体中的极性分子在微波场的作用下，以每秒 24.5 亿次的速度不断地做极性变换运动，从而产生键的振动，撕裂和相邻分子间的剧烈碰撞，产生大量的热能。同时介质中能自由移动的正负离子，在微波场的作用下定向流动形成离子电流，与液体中的其他分子，离子发生强烈的碰撞和摩擦作用。这些介电液体（如水和酸）通常可以产生比试样表面高几个数量级的热能，形成对流，产生扰动，可以消除固体物质表面已溶解的不活泼的表面层，从而使新的界面暴露出来，与酸或其他溶剂更好地接触而加速反应。微波加热主要是直接在内部均匀加热，并且试样粒子和溶剂之间能更好地接触使溶液加速。

消解步骤如下：

（1）在加入样品之前清洗消解罐，加入 5mLHNO$_3$、1mLHF 后，保证各消解罐干燥无水分，按序号依次放入微波加热器里，调节程序，使其在 120℃ 时加热 5min，180℃ 加热 15min，待微波加热器温度降到低于 50℃ 后即可取出消解罐用蒸馏水冲洗。

（2）重复上述步骤 2～3 次，消解罐清洗完毕。

（3）膜样品放入消解罐前，将称重质量最大的膜放在消解罐主罐，使探头能正确探测到消解罐中的样品量以控制消解仪处于合适的温度压力条件下。在记录本上记录每张膜对应的消解罐号，以便收集对应的分析样品。将膜小心地剪开至能放入消解罐后依次加入 5mL HNO$_3$、1mL HF，擦拭掉消解罐周围的水分，拧紧消解罐后按序号放入微波消解仪里。设定程序，使其在 120℃ 时加热 5min，160℃ 时加热 8min、180℃ 时加热 15min。

（4）待消解仪内温度降至 50℃ 以下后，将消解罐取出，按编号置于架子上；用蒸馏水将样品稀释至 50mL 样品瓶中，瓶身上记录所对应的膜号。

方法 29 采集到的液体样品按照该方法中样品前处理的方法：

（1）1～3 号冲击瓶：首先确认 1～3 号冲击瓶中的液体样品 pH 值为 2 或更低。如果其 pH 值不在此范围之内，小心地加入浓硝酸将其酸化，使其 pH 值达到 2。再用试剂水将该样品移入烧杯中并以表玻璃将烧杯口覆盖。用加热板加热（温度要低于其沸点），直至体积减少至剩下 20mL。然后以微波消化程序进行消化。加入 10mL 的 50%硝酸，并以 600W 的功率加热 1～2min。再将其电源关掉静置 1～2min，重复其步骤直到总时间达 6min（取决于欲消化样品的数目）。当样品冷却后加入 10mL 的 3%过氧化氢再加热 2min。加入 50mL 的热水并将其样品加热 5min，待样品冷却后再将其过滤，并以试剂水稀释至 150mL（或适当之体积）。

（2）4～6 号冲击瓶：向含棕色二氧化锰沉淀物的冲击瓶中加入 25mL 8N 盐酸，使其在室温下消化至少 24h。将液体移入 500mL 的量瓶中，再用试剂水稀释至 500mL。

3. ICP-MS 分析

取一空白和至少五个浓度（须在适当浓度范围内）的标准溶液，以制备检量线（相关系数须大于 0.995）；检量线制备完成后，随即以不同于检量线制作来源的标准品进行确认。以 ICP-MS 分析 Analytical Fractions 1A 及 2A 之待测金属（汞除外）。ICP-MS 可参照 NIEA M105 七、（二）～（四）之步骤。

第三篇　烟气汞脱除篇

第五章

燃煤烟气汞的脱除技术

　　燃煤电厂烟气超低排放全面实施以来，常规大气污染物的排放已经得到了有效控制，汞是继粉尘、SO_x、NO_x 之后的燃煤第四大污染物。汞是一种具有强挥发性、生物累积性及环境持久性的剧毒污染物。燃煤是全球最大的人为汞排放源，尽管煤中汞浓度较低（$0.01\sim3.3mg/kg$），但是煤的产量大，消耗量大[48]。燃煤电厂烟气汞主要是由颗粒汞、单质汞和二价汞构成的，存在的形式与煤的品种，锅炉以何种方式进行燃烧以及运行的条件和除尘设备有很大的关系[49]。随着信息的快速发展和汞排放对人类已经造成的威胁，越来越多的人意识到脱汞的必要性，尤其是燃煤发电厂，必须对汞进行脱尘，避免大气污染。

　　目前，控制汞排放的技术主要有：燃烧前的燃料脱汞、燃烧中加入添加剂脱汞和燃烧后的烟气脱汞。其中，燃烧后的烟气脱汞是汞脱除的最关键技术。本章首先总结汞的排放特征，阐述燃煤烟气汞形态常用的浓度检测方法；然后，依据汞排放控制技术的主要路线总结近年来燃煤电站脱汞技术的研究进展；最后基于汞的排放特征，简单梳理燃煤电厂重金属排放特征研究。

第一节　汞排放特征及测试研究

一、烟气中汞的形态分布及排放浓度

　　目前，国内外对燃煤电厂汞排放特征的研究多集中在现场测试方面，燃煤电厂汞排放特征主要包括：烟气中汞的形态分布、烟气汞排放形态影响因素、汞的排放浓度等。

　　烟气中汞的形态分布主要与煤种、燃烧方式、运行条件等因素有关[50]，大部分汞的化合物在温度高于 800℃ 时处于热不稳定状态，它们将分解成 Hg^0，释放进入烟气。随后，烟气流出炉膛，经过各种换热设备，烟气温度逐渐降低，部分会被催化氧化或氯化氧化为 Hg^{2+}，部分 Hg^{2+} 和 Hg^0 被飞灰中残留的未燃尽炭或其他颗粒表面所吸附，形成 Hg^p，存在于颗粒中的汞包括 $HgCl_2$、HgO、$HgSO_4$ 和 HgS 等。

　　在实施超低排放后，烟气汞排放浓度及脱除效率有明显的改善。刘含笑等[51]整理得到有效的燃煤电厂 Hg 排放数据 95 组，其中包括超低排放实施之前的数据 33 组和超

低排放实施之后的数据 62 组，发现超低排放实施之前，燃煤电厂烟气中 Hg 排放浓度为 $0.82\sim18.7\mu g/m^3$，平均值为 $6.8\mu g/m^3$，尾部烟气治理设备对 Hg 的协同脱除效率为 20.9%～96.2%；超低排放实施之后，燃煤电厂烟气中 Hg 排放浓度为 $0.26\sim12.9\mu g/m^3$，较超低排放实施前的排放水平有明显下降，平均值为 $4.2\mu g/m^3$，较超低排放实施前下降 38.2%，尾部烟气治理设备对 Hg 的协同脱除效率为 33.9%～99.8%。

二、燃煤烟气汞形态浓度检测方法

对烟气中汞的取样和分析方法仍在不断完善中，当前较为常用的测试方法可以分为以下三种：湿化学采样分析方法、干法吸附剂吸附法和在线连续监测法。

湿化学采样分析法主要是利用具有选择性的吸附剂进行分离烟气中的颗粒态汞和气体相中不同价态的汞，进而完成对烟气中不同存在形态汞的捕集[52]。湿化学采样分析法当前常用的方法有安大略湿化学法（Ontario hydro method，OHM）、EPA 方法 29、EPA 方法 101A 等。

干式取样法对吸附剂的选择上发生了很大变化，其吸附剂主要为有吸附性的固态物质，一般把改性后的活性炭作为其吸附剂。取样时，通过取样探管内的收集装置来进行烟气汞的采集[45]。干式采样有：30B 固体采样法、FMSS 吸附剂采样法、EPA 方法 324 方法以及 MIT 固体吸附剂方法等。

烟气汞的在线连续监测技术（mercury continuous emission monitoring system，Hg-CEM）是基于冷原子吸收光谱等多种当今前沿科技而发展起来的，通过该技术，可以实现对汞浓度的连续分析测试。该方法避免了湿化学方法和干式采样法所测样品的汞含量为采样时间段内的均值、不能反映实时的烟气汞浓度的缺点。

三种测试方法的优点及缺点见表 5-1。

表 5-1　　　　　　　　　　　三种测试方法的优点及缺点

测试方法	优点	缺点
湿化学采样分析方法	适用于不同烟道位置	取样及分析过程烦琐，对测试人员专业性要求高
干法吸附剂吸附法	操作简单、方便，测量精度高	烟尘颗粒会极大地影响测量精度，仅适用于颗粒物浓度较低的取样测试点
在线连续监测法	能反应实时的烟气汞浓度	系统复杂、设备昂贵、维护成本高

第二节　燃煤电站大气汞污染控制技术研究

燃煤排放的烟气汞主要有 3 种形态：Hg^0、Hg^{2+} 和 Hg^p。其中 Hg^0 具有高挥发性、不溶于水的特点，是燃煤汞污染控制的重点和难点；Hg^{2+} 和 Hg^p 由于其自身特性，相较于 Hg^0 更容易脱除。

汞排放控制技术主要路线有：①燃烧前脱汞，通过煤炭分选、煤热解等技术实现汞与煤的分离；②燃烧中脱汞，主要途径是在入炉煤中添加少量氧化剂（如卤化物），在燃烧过程中增加易被脱除的气态 Hg^{2+} 或 Hg^p 的份额；③燃烧后脱汞，利用烟气喷射吸附剂脱汞、空气污染物控制装置（APCDs）协同脱汞等技术，如图 5-1 所示。

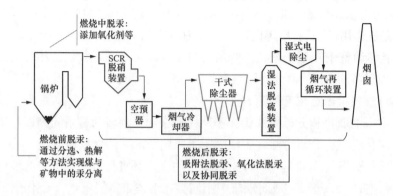

图 5-1 汞排放控制技术主要路线

一、燃烧前脱汞

燃烧前脱汞主要包括煤炭分选、煤热解、化学法和生物法等，其中煤炭分选脱汞是燃烧前除汞的最主要方法。

煤炭分选脱汞的原理是利用煤与矿物的密度和疏水性差异来实现煤与矿物的分离，由于煤中的汞主要存在于矿物中，因此可在去除矿物的同时完成汞的脱除。传统的湿法选煤技术严重依赖水资源，吨煤耗水 $0.1\sim0.3m^3$，且分选质量改善效果不明显。目前，智能分选、风力分选、复合式干法分选、光电分选、重介干法分选等技术已处于研究阶段，还需对现有分选技术进行凝练，为未来发展提供方向[53]。智能干选技术原理图如图 5-2 所示。

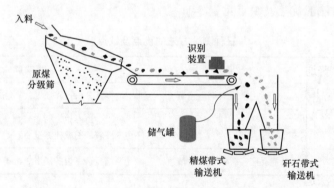

图 5-2 智能干选技术原理图[55]

二、燃烧中脱汞

燃烧中汞脱除技术是在煤中添加氧化剂（如卤素等），通过燃烧调整汞的形态分布，将 Hg^0 转化成易被脱除的 Hg^{2+} 或 Hg^p，再利用后续的湿法脱硫、除尘装置脱除[55]。另外，采用流化床燃烧方式，增加其在炉内的停留时间，使微颗粒吸附汞概率增加；流化床燃烧操作温度低，使烟气中氧化汞所占比例增加，同时抑制氧化态汞重新转化为元素汞，易于燃后对汞的脱除，减少汞排放到大气中[56]。

溴化添加剂能促进生成更易脱除的 Hg^{2+}，该脱汞技术具有广泛的应用前景。马晶晶等[57]在石英固定反应器上进行六枝烟煤中添加 NaBr 的燃烧试验，研究了煤粉燃烧过程中 NaBr 对汞形态的转化和 NO 还原规律的影响。结果表明，250～400℃时 NaBr 对 Hg^0 的氧化具有促进作用。

NH_3 也能够调整汞的形态，潘卫国等[58]利用数值模拟和试验相结合的方法研究了添加 NH_4Cl 对燃煤生成 Hg 和 NO 的影响，发现随着 NH_4Cl 加入量的增加，总汞中气态 Hg^0 和 Hg^{2+} 的比例均降低，Hg^P 比例增加，在合适的温度范围内 NH_3 有利于烟气脱硝。图 5-3 所示为 $NaClO_2$-$Na_2S_2O_8$ 体系的脱汞反应机理。

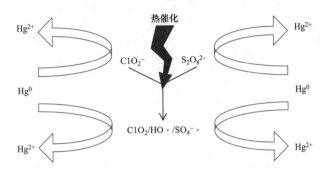

图 5-3 $NaClO_2$-$Na_2S_2O_8$ 体系的脱汞反应机理[59]

三、燃烧后脱汞

燃烧后脱汞技术主要包括吸附法脱汞、氧化法脱汞以及空气污染物控制装置（APCDs）协同脱汞。普通吸附剂经合适的改性剂和改性方法处理后普遍具有较好的烟气脱汞能力，氧化法脱汞需要后续的控制装置作用，实现汞的脱除。

吸附法脱汞利用物理和化学吸附原理通过将 Hg^0 转化为较易去除的 Hg^P 和 Hg^{2+}，吸附剂吸收或吸附烟气汞。吸附剂包括活性炭及其改性活性炭、改性飞灰吸附剂、钙基吸附剂等。其中，普通活性炭对汞的吸附能力弱，选择性差；改性活性炭通过添加无机离子，如 Cl^-、Br^-、I^- 等，提高吸附能力。钙剂吸附剂主要包括 CaO、Ca（OH）₂、$CaCO_3$ 等，研究表明 CaO、Ca（OH）₂ 对 Hg^{2+} 具有较好的吸附效果，但对单质汞吸附效果不佳[60]。改性飞灰吸附剂主要是通过物理吸附、化学吸附、催化反应以及三者结合的方式来捕获烟气中的汞[61]。

催化氧化方法运行成本低、无二次污染，将 Hg^0 转化为 Hg^{2+} 后，可利用燃煤电厂污染物控制装置进行汞的脱除，无须单独增设脱汞装置，经济环境效益突出。氧化法脱汞主要包括电催化氧化脱汞技术、液相氧化脱汞技术、光催化氧化脱汞技术、金属及金属氧化物催化氧化脱汞技术，分别在放电氧化、强氧化溶液氧化、光照射催化以及借助固体催化剂等方面将 Hg^0 氧化成 Hg^{2+}，并通过后续的除尘装置、湿法脱硫装置实现汞的脱除。

空气污染物控制装置（APCDs）协同脱汞技术有着巨大的作用和效果，目前燃煤电厂的超低排放技术已涵盖并集成了多种先进高效的除尘、脱硫、脱硝技术。SCR 可同时催化氧化烟气中 Hg^0，显著提高烟气中 Hg^{2+} 的氧化率。袋式/电袋复合除尘技术、湿式电除尘技术的应用，不仅增大了对超细颗粒物的捕获效率，还增强了协同脱除颗粒汞的能力[62]。同时，脱硫装置经过对石灰石品质、pH 值调节等工艺的优化和改进，大大提高了脱硫效率，改进后的 WFGD 脱硫工艺对烟气中 Hg^{2+} 的脱除起到明显的增效作用。部分设备协同脱汞能力如图 5-4 所示。

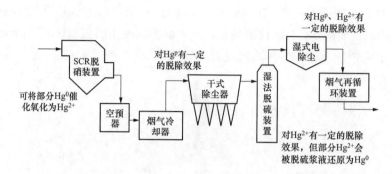

图 5-4　部分设备协同脱汞能力

空气污染物控制装置脱除效果见表 5-2。

表 5-2　　　　　　　　　　　　　　空气污染物控制装置脱除效果

研究者	污染物控制设备组合	效果	文献
Zheng 等	低低温静电除尘器（LLT-ESP）和电袋除尘器（EFF）	CS-ESP 对 Hg 的逃逸率为 42.1%～90.6%，而 LLT-ESP 和 EFF 对 Hg 的逃逸率为 0.8%～36.1%	[63]
陈璇	SCR+ESP+WFGD+WESP	SCR 对 Hg^0 的氧化率为 49.42%；颗粒态汞可以被 ESP 高效地脱除，ESP 的汞脱除效率为 19.57%；WFGD 可以高效脱除氧化态汞，其脱除效率为 86.31%；WESP 可进一步脱除剩余氧化态汞，脱除效率为 34.12%	[64]
王树名等	炉内低氮燃烧（LNB）+低温省煤器(LTE)+ESP+LTE+高效 WFGD（三级除雾）+WESP（刚性极板）	汞排放浓度仅为 0.51～1.45μg/m³，经过静电除尘和湿法脱硫后，排放值为 4～10μg/m³，静电除尘器脱 Hg 效率约为 25%，湿法脱硫装置脱 Hg 效率约为 50%	[65]
Zhang 等	SCR+LTE+ESP+WFGD+WESP	总气态汞去除率为 88.5%～89.6%，大气汞排放因子在 0.39～0.81g/TJ。固体和液体中的汞占燃烧后产物总量的 70%，气态汞占 30%	[66]

第三节　燃煤电厂重金属排放特征研究

煤燃烧后产生的重金属对生态环境有严重危害性。密度大于 5g/cm³ 的重金属，约有 45 种，主要指生物毒性显著的 Hg、Cd、Pb、Cr 和类金属 As（As 虽然不属于重金属，但其危害及来源都与重金属相似）[67]。这些重金属由于具有不同的性质，并且影响因素较多，排放特征不尽相同。

在排放形态方面，重金属元素中 Pb、Cr、Cd 均在颗粒态中呈现细颗粒富集现象，多集中于 PM0.2 以下，这主要是因为随着颗粒物粒径的减小，飞灰比表面积增大，因此颗粒物中重金属元素通过凝结于细小颗粒物表面及与颗粒物表面发生反应从而浓度增大[68]。Se 元素和 Hg 元素在颗粒态中检出较少，因为这两种元素挥发性较高，多以气态存在。

重金属排放浓度受多方面影响，左朋莱等[69]通过 7 台 12MW 燃煤机组，分析了烟气中 Hg、Pb、Cr、As 的排放特征，发现 100MW 以下燃煤机组与 100MW 及以上燃煤机组烟气重金属 Hg、Pb、Cr、As 排放特征不同，100MW 以下燃煤机组烟气 Hg 排放浓度较小，二者烟气 Pb、Cr、As 排放浓度相近，选用湿式电除尘技术可进一步降低烟气 Hg、Pb、Cr、As 的排放浓度。

煤燃烧过程重金属元素转化机制及行为过程如图 5-5 所示。

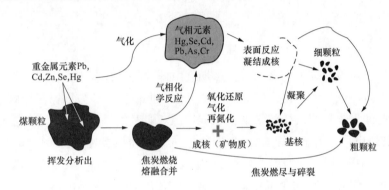

图 5-5　煤燃烧过程重金属元素转化机制及行为过程

第六章

新型 MOF 脱汞技术与 Fenton
脱汞技术

燃煤电厂、垃圾焚烧电厂和工业生产烟气中排放的汞具有剧毒性、生物累积性和广泛传播性等特点，已受到海内外社会的广泛关注。据估算，西方国家和地区在工业革命后 100 多年时间里累积的汞排放量高达 20 多万 t。随着我国工业化进程的推进，特别是煤电、垃圾焚烧电厂和冶金等工业活动的增长，人为汞排放量也在持续增加。Zheng 等[70]报道了 2008 年中国珠江三角洲地区烟气汞排放量约为 17244kg，其中 91%的汞来源于燃煤电厂和垃圾焚烧电厂。联合国环境规划署（UNEP）的数据显示，中国每年的汞排放量达到了 800 多 t，占全球排放量的 40%。虽然这一数据有待验证，但中国汞排放污染的控制已成为目前亟须解决的问题之一。新型汞的控制与消除技术已经成为世界各国的主要研究热点，也是当前汞污染严重情况下我国迫在眉睫、有利于改善国计民生的重大现实问题。本章主要介绍一些新型脱汞材料和技术的研究应用进展，如 MOF 脱汞材料和 Fenton 脱汞技术。

第一节　MOF 脱汞材料的种类与特性

金属有机框架材料（MOF）是近十年来发展迅速的一种配位聚合物，由无机金属离子或金属离子簇和有机配体通过配位自组装构成的具有多维网络结构的晶态材料，一般以金属离子为连接点，有机配位体支撑构成空间 3D 延伸，是沸石和碳纳米管之外的又一类重要的新型多孔材料，在催化、储能和分离中都有广泛应用。过渡金属离子与有机配体通过组装不同的二级结构单元，可使材料具有多种纳微尺度骨架型孔道结构、超大比表面积（可高达 6000m^2/g）和孔隙率（可达 0.9）、孔径可调以及拓扑结构多样性和可裁剪性等优点，典型的具有微孔结构的三维立体骨架材料（MOF-5 次级结构单元）如图 6-1 所示。

据不完全统计，在过去十年中，科学家报告和研究了超过 20000 种不同的 MOFs。图 6-2 为剑桥结构数据库（CSD）报告的金属有机框架结构（1D、2D 和 3D）数量示意图，在此期间，所有结构类型都呈显著增长趋势，特别是 3D 的 MOF 数量的翻倍时间是所有报告的金属有机框架结构（MOF）中数量最多的。

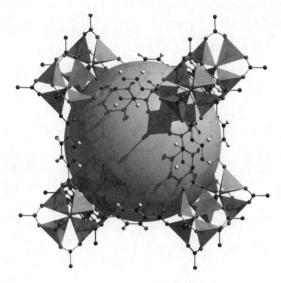

图 6-1 MOF-5 次级结构单元

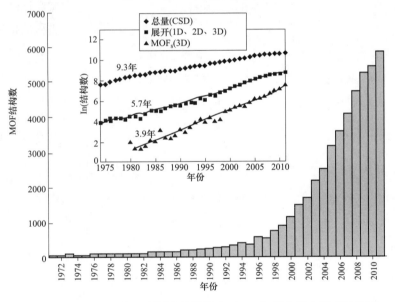

图 6-2 1971~2010 年，剑桥结构数据库（CSD）报告的金属有机框架
结构（1D、2D 和 3D）数量示意图

金属有机骨架中含有的无机金属组分（铁等过渡金属物种），在制备过程中不仅与大的有机配体进行配位，而且为了满足配位数的要求，会和一些小的溶剂分子如 H_2O、DMF、甲醇或乙醇等分子相结合。真空加热处理后，与金属配位的小的溶剂分子就会从骨架中脱除而不影响材料本身的框架结构，从而使金属离子的配位呈不饱和状态，而且金属活性组分在催化剂结构中十分稳定，可以有效地防止溶液 pH 变化时金属离子滤出，造成催化活性下降和形成二次污染的问题。

有机单元是二维或多维有机羧酸盐（和其他类似的带负电荷的分子），当其与含金属的单元连接时，会产生结构坚固的结晶 MOF 结构，如图 6-3 所示，该结构的典型孔隙率比一般的 MOF 晶体体积大 50%。这种 MOF 的表面积值通常在 $1000\sim10000\mathrm{m}^2/\mathrm{g}$ 的范围内，因此超过了传统多孔材料如沸石和碳的表面积值，如图 6-4 所示。迄今为止，具有永久孔隙度的 MOF 的多样性要比其他任何种类的多孔材料都要广泛。这些方面的研究使 MOF 成为燃料（氢气和甲烷）的存储、汞的捕获以及催化应用的理想候选材料。

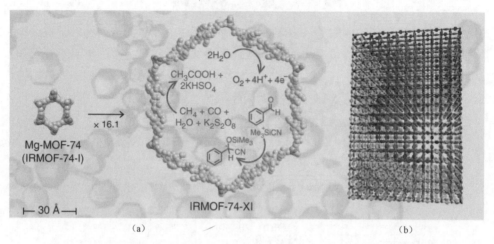

图 6-3 金属有机骨架（MOF）结构适合在其内部扩展和合并多个官能团。

（a）MOF 的等网状扩展通过使用有机链接器的扩展版本来保持网络的拓扑结构；

（b）多元 MOF（MTV-MOF）的概念图，其孔由按特定顺序排列的功能异质混合物装饰

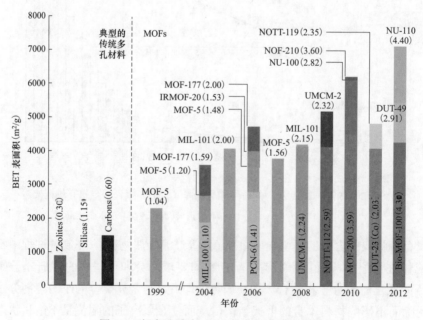

图 6-4 超高孔隙度 MOF 的合成进展示意图

MOF 和典型常规材料的 BET 表面积是根据气体吸附测量值估算的。括号中的值代表这些材料的孔体积（cm^3/g）。由图 6-4 可以看出，随着多孔结构的研究的发展，多孔结构的孔体积有了极大的提升。从早期的沸石的 0.3 一直缓慢发展到 1999 年的 MOF-5

的 1.04，进入新世纪，该研究有突飞猛进的进展，从 2004 年的 MIL-100 的 1.10 开始，一直到 2012 年的 Bio-MOF-100de 4.3。相比较最开始的沸石，2012 年的最新的研究比早期的提升了 6 倍的比表面积。例如，研究人员利用 Br 改性 MOFs 研究烟气中汞的吸附，发现汞的脱出效率与吸附剂官能团结构有关。

　　MOF-on-MOF 材料是一种基于不同结构和形貌的 MOF 单元组装成的同质或异质结构的纳米复合材料，如图 6-5 所示。合理设计和简便合成复杂的多级 MOF 异质结构是近年来化学和材料科学领域的研究热点之一。与单一 MOF 材料相比，MOF-on-MOF 复合材料具有前所未有的可调性和多层次化纳米结构。因此充分利用多种 MOFs 之间的协同效应，能够极大程度地拓宽 MOFs 材料的应用范围以及价值。

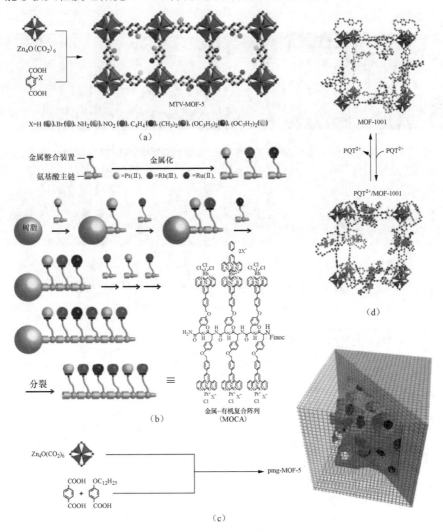

图 6-5　MOF 材料中产生异质性的示例

（a）MTV-MOF-5，其中功能的异质混合物装饰着晶体的内部；

（b）MOCA 具有通过按特定序列排列金属复合物来提供与序列相关特性而创造的异质性；

（c）在 MOF 晶体（pmg-MOF-5）中产生的异质性；（d）由具有聚醚环的接头构建的 MOF（MOF-1001）

此外，研究发现通过设计构建的有序异质结可以进一步提高催化剂对单质汞的催化氧化能力，这主要是因为界面效应的存在促进了电子的运动传递，进而提高了催化剂对 Hg^0 催化氧化能力。通过新设计的初期湿浸渍后原位硒化法合成了一种新型二维 ZnSe/g-C₃N₄（ZSCN）纳米异质结（见图 6-6），并首次用于修复的燃煤汞污染。合成的 ZnSe/g-C₃N₄ 在苛刻的实验条件下表现出了优异 Hg^0 脱除性能。g-C₃N₄ 与 ZnSe 的耦合可以显著提高其脱汞性能（见图 6-7），20ZSCN 对 Hg^0 吸附容量达到 16.59mg/g，比通过简单机械混合制备的 20ZSCN（mix）高 4 倍。通过一系列的表征分析和实验表明，这一性能现象归因于异质结构界面上的活性位点高暴露率和高效的电子传输。此外，ZSCN 表面的 Se^{2-} 作为主要的活性中心可以将 Hg^0 氧化成 Hg^{2+}，并进一步以稳定的 HgSe 形式封存（见图 6-8）。

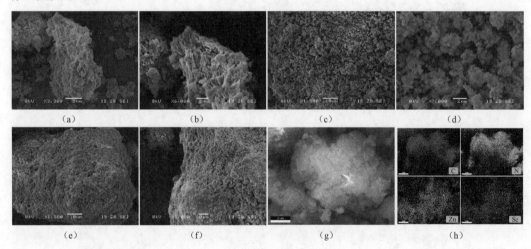

图 6-6　纯 g-C₃N₄、纯 ZnSe、20ZSCN 的 SEM 图像、20ZSCN 的 EDS 图像

（a），（b）纯 g-C3N4；（c），（d）纯 ZnSe；（e），（f）20ZSCN 的 SEM 图像；（g），（h）20ZSCN 的 EDS 图像

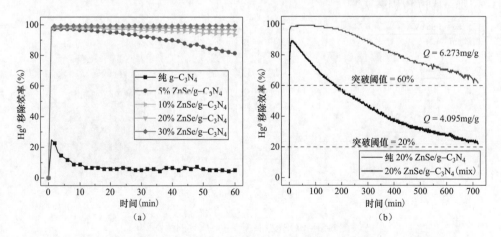

图 6-7　ZnSe 含量对脱汞性能的影响、20ZSCN 及 20ZSCN（mix）的动态 Hg^0 吸附曲线、

20ZSCN 准一级动力学模型拟合曲线、20ZSCN 与已报道吸附剂容量与吸附速率对比图（一）

（a）ZnSe 含量对脱汞性能的影响；（b）20ZSCN 及 20ZSCN（mix）的动态 Hg^0 吸附曲线

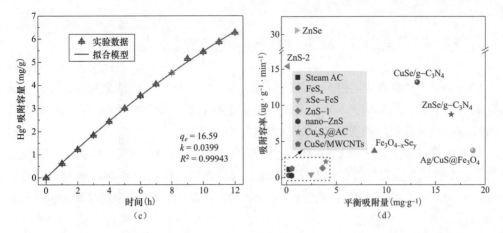

图 6-7　ZnSe 含量对脱汞性能的影响、20ZSCN 及 20ZSCN（mix）的动态 Hg⁰ 吸附曲线、

20ZSCN 准一级动力学模型拟合曲线、20ZSCN 与已报道吸附剂容量与吸附速率对比图（二）

（c）20ZSCN 准一级动力学模型拟合曲线；（d）20ZSCN 与已报道吸附剂容量与吸附速率对比图

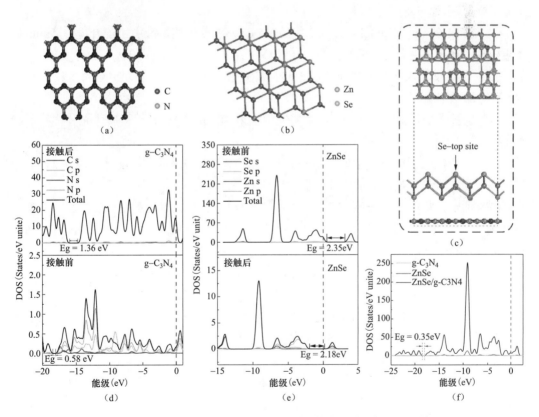

图 6-8　单层 g-C₃N₄、纯 ZnSe、ZnSe/g-C₃N₄ 异质结的俯视图和侧视图、单层 g-C₃N₄、

纯 ZnSe、ZnSe/g-C₃N₄ 异质结的 DOS 图

（a）单层 g-C₃N₄；（b）纯 ZnSe；（c）ZnSe/g-C₃N₄ 异质结的俯视图和侧视图；

（d）单层 g-C₃N₄；（e）纯 ZnSe；（f）ZnSe/g-C₃N₄ 异质结的 DOS 图

第二节　MOF 脱汞材料的定向设计与合成

MOFs 是一种具有发展潜力和应用前景的烟气脱汞材料。针对在 MOFs 材料 Hg 捕获领域存在的关键科学问题，本节着重介绍新型高效脱汞 MOFs 材料的定向设计合成、烟气成分对汞氧化脱除的影响等探索性研究工作开展。

针对燃煤脱汞烟气环境复杂多变的特点，基于辅助超声水热法，张婷婷[71]、Zhang 等[72] 定向设计合成制备了三种具有高催化性及富氯官能团的新型 MOFs 材料，分别为单金属 Fe-MOFs、Cu-MOFs 和双金属 FeCu-MOFs。以 Fe-MOFs 脱汞材料为例，其具体合成过程如下：

（1）分别称取 1.0485g（4.5mmol）、0.932g（4mmol）、0.8155g（3.5mmol）、0.699g（3mmol）的四氯化锆（$ZrCl_4$）对应加入 0.094g（0.5mmol）、0.1988g（1mmol）、0.2982g（1.5mmol）、0.3976g（2mmol）的四水氯化亚铁（$FeCl_2 \cdot 4H_2O$）溶解于 150ml N，N 二甲基甲酰胺溶液（DMF）溶液中。

（2）称取 0.83g（5mmol）对苯二甲酸（PTA）加入上述溶液中，混合搅拌 5min 后超声处理 20min，直至完全溶解。

（3）将溶液放入 200mL 聚四氟乙烯内衬的反应釜中密封，在 120℃的烘箱中反应 24h 后冷却至室温。

（4）倒掉上层母液，得到产物，再向其中加入 100mL DMF，用玻璃棒充分搅拌后静置 12h。

（5）抽滤，向所得产物中加入 100mL 无水乙醇并用玻璃棒充分搅拌，静置 12h。

（6）如此重复一次，共洗涤 4 次。

（7）抽滤，将产物置于真空干燥箱中，设定温度为 120℃，真空干燥 12h，得到最终产物。所制备的样品分别标记为 10%Fe/UiO-66、20%Fe/UiO-66、30%Fe/UiO-66、40%Fe/UiO-66。

SEM-EDX 及 XRD（见图 6-9、图 6-10）分析表明所制备的三种新型材料结晶程度较好，组成元素在晶体表面分布均匀，可为单质汞吸附、氧化及脱除提供丰富的活性金属位点及氧化介质。BET 分析结果表明，Fe-MOFs、Cu-MOFs 和 FeCu-MOFs 的比表面积可分别达到 754.6、854.7 和 1054.7m^2/g，较大的比表面积和孔体积有助于烟气中气相单质汞的吸附和最终脱除。

在不同温度、模拟烟气条件下研究三种新型 MOFs 材料的气态 Hg^0 脱除性能。结果表明，90～180℃低温条件下由于氯官能团的引入，在 N_2 气氛下三种 MOFs 材料即具有较好的单质汞脱除性能，且脱汞效率有如下顺序：FeCu-MOFs≈Cu-MOFs＞Fe-MOFs。在系列模拟烟气环境下，三种 MOFs 材料均具有较高的脱汞能力和材料稳定性，如图 6-11 所示。烟气中 O_2、NO 和 HCl 浓度的增加促进 Hg^0 脱除效率的提高。在 SO_2 和水蒸气存在的条件下，虽然脱汞效率有一定程度的降低但比例不大。总体来说，三种 MOFs 材料表现出良好的抗 SO_2 和水蒸气中毒能力。FeCu-MOFs 和 Cu-MOFs 的汞平衡吸附容量可分别达到 12.27mg/g 和 123.5mg/g，远高于商用载溴活性炭。

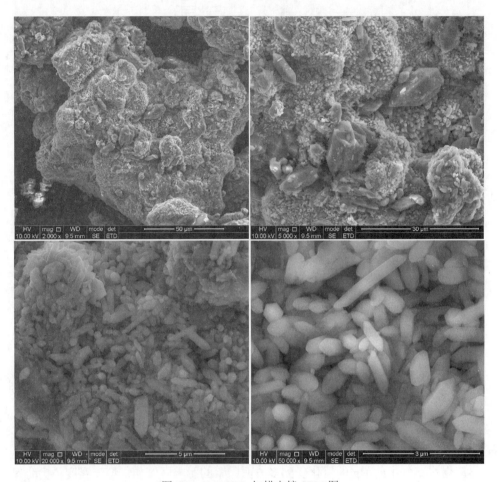

图 6-9　Fe-MOFs 扫描电镜 SEM 图

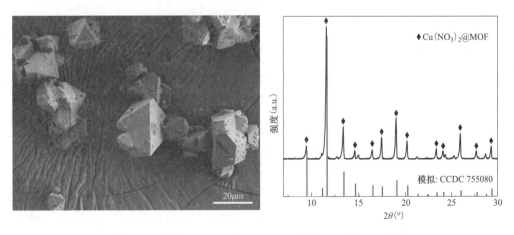

图 6-10　标准 Cu（NO₃）₂@MOFs 材料 SEM 及 XRD 图

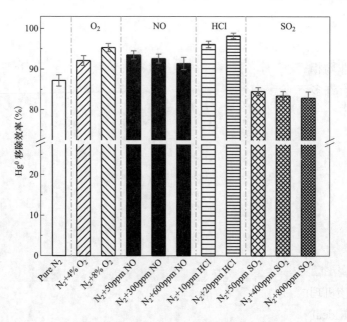

图 6-11　烟气成分对 Fe-MOFs 脱汞率的影响

第三节　MOF 材料中汞的吸附和氧化机理

单质汞 Hg^0 的氧化机制主要有两种：均相氧化和非均相氧化。实验研究表明，非均相氧化比均相氧化反应速度要快得多。由于烟气中存在大量的含氯物质（如 HCl 和 Cl_2），虽然这两种途径在反应方式与反应速度上有很大不同，但其主要的氧化产物形式均为 $HgCl_2$。

实际燃煤烟气中的 Hg 的氧化受到多方面因素的影响，例如：烟气温度、扰动程度、煤种类型、停留时间等。在此过程中，单质汞 Hg^0 的氧化程度为 0%～100%，烟气无法达到热力平衡状态。下面将对汞的均相氧化和非均相氧化机制进行具体阐述。

气态单质汞 Hg^0 能够和 HCl、Cl_2、O 以及 Cl 自由基等氧化剂发生反应。在 400～700℃ 的条件下烟气中会产生大量的 Cl 自由基团，在这种情况下，Hg^0 主要是与烟气中产生的 Cl 的自由基反应。Hg^0 与烟气中的 Cl 自由基反应生成中间产物 HgCl，接着 HgCl 继续被氧化生成 $HgCl_2$。该反应表达式为

$$Hg(g) + Cl(g) \longrightarrow HgCl(g) \tag{6-1}$$

但该机理不适用于所有情况下汞的氧化，Sharma[73]通过研究 Hg 和 Cl_2 的反应过程，并结合以前实验过程中得到的数据，提出了新的均相氧化机理：壁面上进行的非均相反应有着较高的反应速度，在典型的烟气温度下，起主导作用的是 Hg 的非均相氧化。

在 300～400℃ 相对较高的烟气温度下，且存在催化剂如 $CuCl_2$ 时，将会发生 Deacon 反应，反应表达式为

$$2HCl(g) + 1/2O_2(g) \Longleftrightarrow Cl_2(g) + H_2O(g) \tag{6-2}$$

Chandru 等人[74]认为单纯依靠均相反应无法达到如此高速的反应速率。于是他们推断非均相氧化在该反应中承担了一定的角色。

关于汞的非均相氧化，尚未形成一个统一的反应机理。目前有以下几种解释：

（1）目前有许多研究都表明 Langmuir-Hinshelwood 机理适用于描述在固体表面上两个不同状态的双分子的吸附反应，反应表达式为

$$A(g) \Longleftrightarrow A(ads)$$
$$B(g) \Longleftrightarrow B(ads)$$
$$A(ads) + B(ads) \longrightarrow AB(ads) \tag{6-3}$$
$$AB(ads) \longrightarrow AB(g)$$

其中，A 是单质汞 Hg^0，B 是氯化物（如 HCl）。在该反应中，其反应速率受到诸多因素的影响，例如：吸附平衡常数、表面反应速率常数和 A、B 的反应浓度等。虽然有许多研究都表明 HCl 的浓度将会影响 Hg^0 的氧化程度，但直到目前为止仍然没有有力的证据直接证明该机理的正确性。

（2）Eley-Rideal 反应机理在某些特定情况下可以通过催化剂表面的反应物以及表面特性进行间接推测，同时能够用化学动力学对其实施检测。其反应机理为

$$A(g) \Longleftrightarrow A(ads) \tag{6-4}$$
$$A(ads) + B(g) \Longleftrightarrow AB(g) \tag{6-5}$$

其中，HCl 能够吸附在催化剂表面，而 Hg^0 则不能吸附，或至少是很微弱的吸附。但在很多情况下，Hg^0 能够吸附在许多吸附剂表面上，因为在烟气中 HCl 通常具有较高的气态浓度，所以被吸附的 Hg^0 与气态 HCl 之间发生的反应也符合 Eley-Rideal 反应机理。

（3）Mars-Maessen 机理同样能解释单质 Hg^0 的氧化过程，其反应机理为

$$A(g) \Longleftrightarrow A(ads) \tag{6-6}$$
$$A(ads) + M_xO_y \rightarrow AO(ads) + M_xO_{y-1} \tag{6-7}$$
$$M_xO_{y-1} + 1/2O_2 \longrightarrow M_xO_y \tag{6-8}$$
$$AO(ads) + M_xO_y \longrightarrow AM_xO_{y+1} \tag{6-9}$$

其中，A 是单质汞 Hg^0，可以和催化剂表面晶格中的氧化剂（O、Cl 等）进行反应，反应后晶格中空缺的氧化剂再由相应的气态氧化剂进行补偿，最终吸附态的氧化汞与氧化剂反应除去烟气汞。

基于密度泛函理论分析及多种实验表征手段，Zhang 等[75]系统研究了汞在新型 MOFs 材料中的吸附催化氧化机理。首先，烟气中的气态 Hg^0 在不饱和活性 Fe、Cu 或 C 位发生吸附产生吸附态 Hg^0。然后，在活性 Cl 或化学吸附氧的帮助下，吸附态 Hg^0 进一步氧化为更易被脱除的 $HgCl_2$ 或 HgO。伴随 Hg^0 的吸附和催化氧化，高价态的 Fe^{3+}（或 Cu^{2+}）被还原为低价态的 Fe^{2+}（或 Cu^+）。还原后的过渡金属可在氧化性烟气气氛下被重新氧化并再生为 Fe^{3+}（或 Cu^{2+}）。同样地，Hg^0 催化氧化反应过程中消耗的活性 Cl 和化

学吸附氧，在烟气中的 HCl 和 O_2 的帮助下也可以实现有效的再生。整个汞催化氧化反应涉及多种吸附态活性成分的参与，遵循典型的 Langmuir-Hinshelwood 机理，如图 6-12～图 6-14 所示。

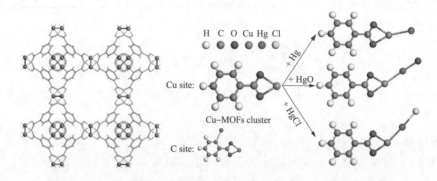

图 6-12　Cu-BTC 晶胞结构及不同形态汞在 Cu-MOFs 团簇中的吸附

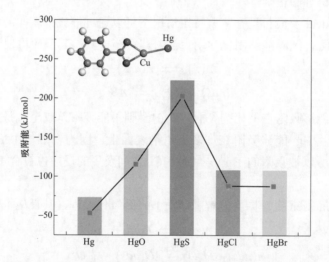

图 6-13　Cu-MOFs 活性金属 Cu 位上不同形态汞吸附能对比

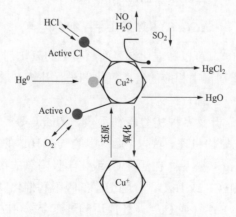

图 6-14　汞在 Cu-MOFs 吸附剂表面的吸附氧化反应机理图

　　在 Cu-MOFs 表面上 Hg 被 Br 官能团氧化的反应过程遵循 Eley–Rideal 机理；$HgBr_2$ 的形成和脱附能垒低于 $HgCl_2$，这也就合理解释了 Br 比 Cl 更能有效促进 Hg^0 氧化的原因（部分结果见图 6-15）。Zhang 等[76] 证实了量子化学方法从原子层面揭示 S 官能团在新型 SCR 催化剂上对 Hg^0、SO_3 等影响机制的可行性；SO_3 及 SO_2 在二维层状 WS_2（001）缺陷表面的吸附行为，发现在 WS_2 表面 SO_3 发生了自发分子解离且无明显能垒（见图 6-16），结果表明 WS_2 对 SO_3 的催化氧化生成具有较明显的抑制作用，而且缺陷构造有利于降低表面能带（带隙从 1.85eV 降低到 1.17eV），有利于加速分解反应的发生。

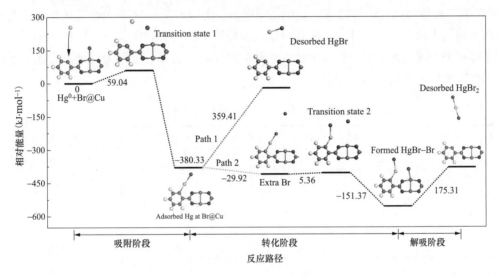

图 6-15　Br 官能团对 Cu-MOFs 上汞氧化路径的影响

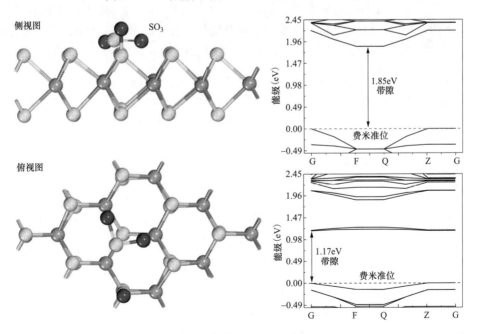

图 6-16　WS2（001）缺陷表面上 SO_3 的稳定吸附构型及能带结构对比

第四节 Fenton 脱汞技术

一、Fenton 技术原理

Fenton 技术是高级氧化技术（Advanced Oxidation Technology，AOT，也称深度氧化技术）中最为有效的方法之一，最早应用于工业废水污染物的氧化处理，其产生的 $^{•}OH$ 自由基具有极高的氧化活性，标准氧化还原电势高达 2.80V，仅次于氟的 2.87V[77]。表 6-1 列举了几种常见氧化剂的标准氧化还原电势。可以看出，$^{•}OH$ 自由基的氧化活性远远高于其他大部分传统氧化剂，因此可以与多种污染物发生氧化反应。近十年来，化工、环保等多个领域在污染物处理方面的要求日趋严格，高效率、低污染、低能耗的 Fenton 技术得到了广泛的研究和应用。

表 6-1   几种常用氧化剂的标准氧化还原电势

氧化剂	氧化还原电势（V）	氧化剂	氧化还原电势（V）
F_2	2.87	$S_2O_8^{2-}$	2.01
$^{•}OH$	2.80	H_2O_2	1.78
$^{•}SO_4^-$	2.60	$KMnO_4$	1.69
FeO_4^{2-}	2.20	$^{•}OOH$	1.51
O_3	2.07	$NaClO_2$	1.49
$^{•}O$	2.05	O_2	1.23

表 6-2 列举了几种常用 AOP 技术的工艺特点和基本原理。从表中可以看出，相对于其他氧化技术，非均相类 Fenton 技术由于具有氧化活性高，无二次污染，催化剂回收方便，反应过程容易控制等优点，是目前化工、环保领域重点研究的新型氧化技术。

表 6-2   几种常用 AOP 技术的基本原理和工艺特点

工艺途径	基本原理	工艺特点
均相 Fenton	均相分解，$^{•}OH$ 间接氧化	氧化活性高，催化剂回收成本高
非均相类 Fenton	异相分解，$^{•}OH$ 间接氧化	活性高，催化剂易回收，无二次污染
O_3/H_2O_2	O_3 氧化，$^{•}OH$ 间接氧化	活性高，试剂利用率低，运行成本高
UV/H_2O_2	UV 光分解，$^{•}OH$ 间接氧化	活性高，无二次污染，投资成本高
US/H_2O_2	US 热分解，$^{•}OH$ 间接氧化	投资成本高，能耗高，可靠性差
电化学氧化	电子氧化还原，$^{•}OH$ 间接氧化	氧化活性高，无二次污染，能耗高
微波化学氧化	微波热分解，自由基氧化	无二次污染，投资成本高，能耗高

非均相类 Fenton 技术由均相 Fenton 技术发展而来，克服了均相体系的许多缺陷，例如均相体系要求反应溶液的 pH 值较低，须提前对反应溶液酸化处理，而且会对设备产生腐蚀；反应过程中均相体系中的 Fe^{2+}/Fe^{3+} 容易产生大量的铁污泥污染，不但造成 Fe 催化剂利用率下降，而且大大增加处理二次污染的运行费用。研究发现，在反应体系中

将 Fe^{2+}/Fe^{3+} 替换为过渡金属氧化物或钛基催化剂同样可以检测到 $^{\bullet}OH$ 自由基的产生，提高污染物的氧化效率[78]。非均相类 Fenton 技术产生与消耗 $^{\bullet}OH$ 自由基的机理主要按如下反应进行：

$$Fe^{2+}_{surf} + H_2O_2 \longrightarrow Fe^{3+}_{surf} + {}^{\bullet}OH + OH^- \tag{6-10}$$

$$Fe^{2+}_{surf} + {}^{\bullet}OH \longrightarrow Fe^{3+}_{surf} + OH^- \tag{6-11}$$

$$Fe^{3+}_{surf} + H_2O_2 \longrightarrow Fe^{2+}_{surf} + {}^{\bullet}OOH + H^+ \tag{6-12}$$

$$Fe^{3+}_{surf} + {}^{\bullet}OOH \longrightarrow Fe^{2+}_{surf} + O_2 + H^+ \tag{6-13}$$

二、非均相 Fenton 技术

非均相 Fenton 吸收方法主要是利用强氧化性物质（工艺）将烟气中的汞氧化为易溶解或吸收的物质，克服单质汞（Hg^0）低溶解性而难以脱除的制约，同时吸收废液还可以通过汞沉淀分离达到多种污染物同时脱除和资源化的目的，并且能够有效地避免二次污染产生，是一种具有良好应用前景的烟气 Hg 协同脱除技术。非均相 Fenton 吸收最早应用于工业废水污染物的氧化处理，Wang 等[79] 研究用纳米 Pd/MOF 作为非均相催化剂降解工业废水中的硝基酚（p-NP），考察了各因素对降解效率的影响。结果表明，Fe_3O_4 投加量、H_2O_2 浓度、pH 值和污染物浓度分别是 1.5g/L、0.62mol/L、7.0 和 25mg/L 时 p-NP 的降解效率可达 90% 以上，且最终可将 p-NP 氧化为 CO_2 和 H_2O，如图 6-17 所示；而液相色谱-质谱分析（LC-MS）与气相色谱-质谱分析（GC-MS）显示随着反应深度的进行，纳米 Fe_3O_4 催化 H_2O_2 生成的 $^{\bullet}OH$ 自由基浓度逐渐增加，作者推测随着 p-NP 浓度的降低，H_2O_2 吸附到催化剂表面的比例增加，从而加快 $^{\bullet}OH$ 自由基的生成。

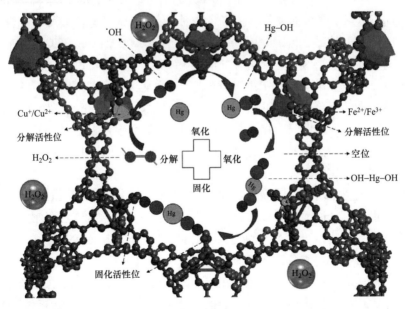

图 6-17　以 MOF 材料构成的非均相催化剂协同 H_2O_2 高级氧化反应吸附-氧化单质汞原理图

近年来，随着国内外对燃煤烟气中污染物排放控制的关注以及对高效、清洁、低成本污染物排放控制方法的探索，连续湿法高级氧化技术用于烟气污染物的脱除得到了广泛的研究。Zhao 等[80]在湿式鼓泡床反应器中研究非均相催化剂高级氧化反应对烟气中 Hg^0 的氧化脱除，考察了烟气组分、溶液 pH、H_2O_2 浓度、催化剂添加量、反应温度等对 Hg^0 氧化脱除的影响，研究发现 Hg^0 的氧化脱除效率随着溶液 pH 的增加而下降，最佳 H_2O_2 浓度为 0.05mol/L，最佳反应温度为 40℃；烟气中低浓度 SO_2 对 Hg^0 的氧化脱除有一定的抑制作用，而 SO_2 较高时，由于溶液中 SO_4^{2-} 浓度的增加而与 Hg^{2+} 形成 $HgSO_4$，因此会促进 Hg^0 的脱除。均相高级氧化反应过程中添加卤素元素与小分子有机酸对燃煤烟气中 Hg^0 氧化脱除的影响，不同形式的卤素铁盐对 Hg^0 氧化脱除略有影响，小分子有机酸可以明显提高 Hg^0 氧化脱除效率。Huang 等[81]在鼓泡床反应器中研究均相高级氧化技术同时脱硫脱硝的实验，结果表明 SO_2 可以实现全部脱除，NO 的脱除效率最高可达 91%；反应产物经离子色谱（Ion Chromatography，IC）分析显示溶液中的离子主要为 SO_4^{2-} 和 NO_3^-，而 SO_3^{2-} 和 NO_2^- 的含量较少，表明 SO_2 和 NO 的氧化产物为 SO_3 和 NO_2。然而，溶液中均相催化剂较高浓度的 Fe^{2+} 则被氧化为 Fe^{3+}，且不易回收，造成催化剂的严重流失形成二次污染。因此，开发高效、经济、可回收利用的非均相催化剂并应用于烟气污染物处理领域具有良好的研究与应用前景。

　　近年来，研究人员发现在铁氧化物中掺杂一种或多种过渡金属元素不但可以提高催化剂活性，而且可以降低催化剂活性组分在反应溶液中的溶解率[82]。然而，目前为止，虽然国内外学者已在非均相高级氧化反应脱除有机污染物的研究中取得了许多可借鉴的重要研究成果，但由于液相污染物氧化与气相污染物氧化具有较大的区别，非均相高级氧化技术应用于烟气中 SO_2、NO 和 Hg 的同时脱除还需要更多的理论支撑。

　　周长松[83]采用化学共沉淀法制备出 $\alpha\text{-}Fe_2O_3$、$\gamma\text{-}Fe_2O_3$ 和 Fe_3O_4 典型非均相类 Fenton 催化剂和 Ti、Co、Cu 掺杂的尖晶石结构催化剂 $Fe_{3-x}Ti_xO_4$、$Fe_{3-x}Co_xO_4$、和 $Fe_{3-x}Cu_xO_4$，并协同 H_2O_2 高级氧化应用于烟气中零价汞的氧化吸收。虽然 $Fe_{3-x}Ti_xO_4$ 和 $Fe_{3-x}Cu_xO_4$ 催化剂在反应过程中可以持续产生高活性 $^{\bullet}OH$ 自由基，具有较高的脱汞效率，但反应前后表征研究发现催化剂在准备过程中不可避免地产生了颗粒团聚现象，使得多孔结构坍塌，造成催化剂比表面积下降。当模拟烟气中通入 SO_2、NO 等酸性气体时，反应过程中溶液 pH 会持续下降，导致催化剂表面活性物质的溶解，从而造成催化活性的下降，因此催化剂抗酸能力的提高是亟须解决的问题之一。在连续多次循环使用时，催化剂的活性下降较快，表明催化剂稳定性较差。

　　纳米结构氧化物由于具有较高的表面活性和较大的比表面积常被用于催化研究领域，如纳米 NiO、$\beta\text{-}MnO_2$、Mn_3O_4、Co_3O_4 等。而相对于单一金属氧化物，基于铁氧体的复合过渡金属氧化物由于具有天然的未填满的 3d 电子轨道（第三电子层），更容易接受电子，使电子转移加速，并且在过渡金属离子的协同作用下，表现出比单一铁氧体更优异的催化性能。而且纳米结构氧化物在溶液既表现出优越的活性，也具备良好的稳定性从而引起了人们的关注。然而，纳米催化剂粒子在制备和应用过程中也容易出现颗粒团聚、介孔坍塌等问题，从而导致反应时与催化剂接触面积减小，从而影响催化剂性能的发挥。因而很多研究者通过将纳米催化剂负载在碳纳米管和石墨烯等载体上，使催化剂的团聚问题得到改善，但制备此类催化剂的过程相对复杂且容易出现其他杂质，使纳米催化剂难以发挥出最大的催化性能。而且碳纳米管和石墨烯等载体制备工艺复杂、价格昂贵等因素限制了催化剂的大规模工业应用。

第五节　非均相 Fenton 脱汞技术

非均相 Fenton 过程中，催化剂表面的 Fe_{surf}^{2+} 是催化 H_2O_2 产生 $^\bullet OH$ 自由基的主要活性物种，而申请人在前期研究中发现催化剂表面的 $Fe_{surf}^{2+} / Fe_{surf}^{3+}$ 氧化还原对可以促进催化反应的电子转移，以使得催化剂表面的 Fe_{surf}^{2+} 快速再生，有利于催化活性的提高，因此保证 $Fe_{surf}^{2+} / Fe_{surf}^{3+}$ 的比例对促进反应过程的稳定性至关重要。Zhang 等[84]合成了核壳结构的 $Fe_3O_4@MIL-100$（Fe），在可见光与双氧水存在的条件下表现出较高的催化活性，且在多次循环利用后催化剂的活性仍能保持。这为 Fe-MOFs 基催化剂运用到非均相 Fenton 反应氧化脱除烟气中的汞提供了基础和新思路。

研究发现，MOFs 基材料不但在催化氧化领域具有极大的潜力，其对液相中重金属也具有较强的吸附能力。Ke 等[85]选用硫醇（DTG，二硫代乙醇）改性的 Cu-BTC 吸附水中的 Hg^{2+}，骨架中 S/Cu 摩尔比为 0.92 时，Cu-BTC-DTG 对水中 Hg^{2+} 的吸附量可达 714.29mg/g，质量脱除率可达 99.79%，即使在 Hg^{2+} 初始浓度低至 81ppb 的情况下，去除率依然高达 90.74%。改性沸石上 Hg^{2+} 的最大负载量仅为 286.53mg/g，而改性活性炭材料对溶液中的汞吸附容量最大也仅为 293mg/g[86]。Luo 等[87]研究发现即使不经过预处理，MOFs 对液相中 Hg^{2+} 的捕获效率也可达 66.5%，但其晶体结构的水稳定性较差。He 等[88]在 MOF-5 制备过程中加入硫醚（$CH_3SCH_2CH_2S$-），使得改性后的 MOF-5 具有更高的水稳性和灵活性，可以有效地分离溶液中的 Hg^{2+}。材料吸脱附前后的 XRD 显示，材料的晶体结构在客体分子作用过程中保持稳定。更为重要的是，在特定的极性溶剂中，85%以上的 Hg^{2+} 能够从改性 MOF-5 中脱附，进而实现功能化材料的再生。

对于现有的非均相 Fenton 催化剂应用的报道，单纯的铁基催化剂虽然可以产生稳定的 $^\bullet OH$ 自由基，对液相污染物也具有较高的氧化活性，但考虑到非均相条件下 $^\bullet OH$ 自由基对 Hg^0 的氧化机制，液相条件下催化剂对 Hg^{2+} 的吸附转化规律以及烟气中 SO_2 和 NO 对汞脱除的竞争/协同机制与单纯液相条件均存在显著差异，因此对汞的氧化去除效率不尽满意。Zhou 等[89]研究发现，烟气中 90%以上的 SO_2 可被 Fenton 试剂吸收，因此 SO_2 浓度较高时，溶液 pH 随着反应的进行逐渐降低，而铁基非均相催化剂只有在偏中性和弱酸环境中（5.0～7.0）保持较高活性，强酸环境下的催化活性被抑制，这主要是由于催化剂表面铁离子溶出，多孔结构受到破坏导致的，特别是 Fe-MOFs 催化剂的多孔结构在 pH 较低的溶液中易发生坍塌，从而影响催化活性。因此，使催化剂在较宽的 pH 窗口保持较高活性，提高催化剂的抗酸溶液能力，挖掘出一种在复杂溶液环境下仍然能保持稳定催化活性的 Fe-MOFs 材料，对于非均相 Fenton 氧化脱除烟气汞的实际应用具有至关重要的意义。

过渡金属元素如 Co、Ni 改性的铁基催化剂用于非均相 Fenton 反应可以显著改变催化剂的物理化学性质。掺杂不同过渡金属的催化剂不仅在比表面积、催化活性、抗中毒性能、可再生利用等方面存在显著差异，而且 Cu、Ti 改性铁氧体催化剂可以有效地改变催化剂表面活性位的结构，提高催化剂的抗酸溶液能力，如表 6-3 所示；相同条件下其非均相 Fenton 脱汞效率如图 6-18 所示。Hasan 等[90] 利用 MOF-199 以 Cu 为金属配位成功制备出 Cu-CC-550 和 Cu-CC-650 非均相 Fenton 催化剂，研究发现催化剂表面的 $Cu_{surf}^+ / Cu_{surf}^{2+}$ 氧化还原对会促进 H_2O_2 分解产生 $^\bullet OH$ 自由基，并加速 $Fe_{surf}^{2+} / Fe_{surf}^{3+}$ 的电子转移，Cu 的加入增强了金属离子间的相互作用，酸性条件下离子溶出量减少，催化剂循环利用 5 次仍具有最初的催化活性，催化剂的 SEM 微观形貌如图 6-19 所示。Qin 等[91]

表 6-3   催化剂在不同溶液 pH 下的离子溶出量   （mg/L）

pH 值	$Fe_{2.45}Ti_{0.55}O_4$		$Fe_{2.44}Cu_{0.56}O_4$	
	Fe	Ti	Fe	Cu
pH=3.2	0.699	4.904	0.361	3.611
pH=5.2	0.022	3.478	—	1.364
pH=6.1	0.018	2.079	—	0.029

注："—" 表示离子浓度在仪器的检测限以下（＜0.003mg/L）；实验条件：H_2O_2 初始浓度 0.4mol/L，催化剂用量 0.6g/L，反应温度 50℃，反应时间 120min。

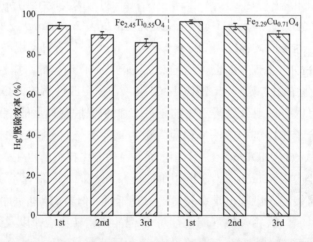

图 6-18   两种催化剂循环三次非均相 Fenton 实验的脱汞效率

图 6-19   一种 Cu 改性 MOFs 非均相 Fenton 催化剂的 SEM 图

通过有机酸的位置导向作用将铁碳氧化物纳米颗粒原位组装在 MIL-101（Cr）中不饱和配位的 Cr 位点上，该方法避免了纳米颗粒在 MIL-101（Cr）外表面的团聚，同时增强了铁离子与 MOFs 二级结构单元之间的相互作用。综上所述，通过改变合成条件调控 Fe-MOFs 多孔结构和作用位点，从而作用于催化活性与稳定性的规律，对于合成改性 Fe-MOFs 和提高其非均相 Fenton 催化性能具有重大指导意义。

第六节　典型 Fe_3O_4 吸附和氧化汞的机理

基于密度泛函理论构建 Fe_3O_4（１１０）的量子化学晶体模型，采用 Material Studio 中的 CASTEP 模块，本节介绍 H_2O_2 在 Fe_3O_4（１１０）表面的负载位置及所形成的稳定的结构，以及 Hg 在 H_2O_2/Fe_3O_4（１１０）表面吸附-氧化的机理。

一、晶胞及结构参数

Fe_3O_4 模型沿着（１１０）方向切割表面并做相应几何结构优化后获得如图 6-20 所示 2 种终端模型，其中 A 第一层原子同时包含 2 个 Fe_{tet}、2 个 Fe_{oct} 和 4 个 O 原子，B 第一层原子包含 2 个 Fe_{oct} 和 4 个 O 原子。

将 H_2O_2 以不同方向和放置位置对所计算模型做几何结构优化，得到 6 种不同结构的稳定构型，如图 6-21 所示。与 Fe_3O_4（１１０）表面 O 顶位和空位相比，H_2O_2 主要与 A 表面的 Fe_{tet} 和 Fe_{oct} 顶位。本过程的结合能和优化后的参数见表 6-4。从表中可以看出，构型 1A 的结合能远小于 1B-1F 的结合能，表明 H_2O_2 与表面 Fe_{oct} 阳离子的相互作用较弱，其 O^1-O^2 键长仅比参与反应之前的 H_2O_2 长 0.019Å。因此，构型 1A 中 H_2O_2 与 Fe_{oct} 的相互作用是物理吸附，且吸附表面不稳定，可能会通过过氧化氢的解吸过程脱离表面。

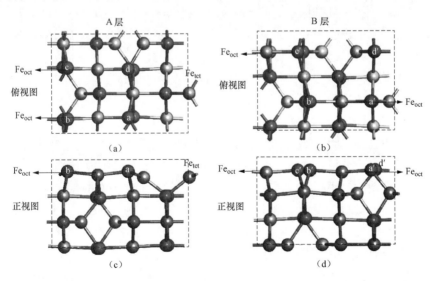

图 6-20　Fe_3O_4（１１０）表面 Fe_{tet} 终端（A1 层）与 Fe_{oct} 终端（B1 层）结构模型的俯视图和主视图

（a）Fe_3O_4（１１０）表面 Fetet 终端（A1 层）；（b）Fe_3O_4（１１０）表面 Fetet 终端（B1 层）；

（c）结构模型的俯视图；（d）结构模型的主视图

表 6-4　　　　H$_2$O$_2$ 在 Fe$_3$O$_4$（1 1 0）A1 层表面的吸附结合能和几何结构参数

几何结构	E_{bind}（kJ/mol）	$R_{O1\text{-}O2}$（Å）	$R_{O1/O2\text{-}Fe}$（Å）
1A	−38.5	1.495	2.092
1B	−289.4	2.658	1.819/1.816
1C	−155.8	2.523	1.817
1D	−385.6	2.715	1.996/1.936
1E	−392.3	3.242	1.857/1.931
1F	−378.8	2.956	2.021/2.173
2A	−40.4	1.499	2.296
2B	−49.0	1.497	2.243

注：E_{bind} 和 R 分别表示结合能和键长。

当体系处于平衡状态时，1B 构型 H$_2$O$_2$ 的分子结构发生了明显的变化。通过重新成键计算，H$_2$O$_2$ 的 O^1-O^2 键伸长到 2.658Å，并断裂产生了自由态的 H$_2$O 分子和吸附在两个 Fe$_{oct}$ 顶位的 O 原子。两个 Fe$_{oct}$-O 的键长分别为 1.819Å 和 1.816Å，表明形成了稳定的化学键。这一过程的结合能为 289.4kJ/mol，表明这一过程是明显的放热过程，可能发生在 H$_2$O$_2$ 的解离过程中。

平衡后的 1C-1F 构型的 H$_2$O$_2$ 分子结构也发生了明显的变化，H$_2$O$_2$ 的 O^1-O^2 键全部断裂生成两个羟基。结合能的计算结果清楚地表明，1D-1F 是最有可能形成的结构。1C 的结合能仅为−55.8kJ/mol，主要原因是生成的一个羟基处于自由态，之前的研究结果证实自由态的羟基携带大量的能量。带有未配对电子的自由基，具有较高的活性，可通过分子碰撞和流动干扰等外部因素返回反应物中。当结构处于平衡状态时，尽管与 1D-1F 相比，自由态羟基的产物不稳定且非最终产物，但自由态羟基具有高效氧化各种污染物的能力。

在 1D-1F 结构中，H$_2$O$_2$ 解离产生两个羟基并吸附在 Fe$_3$O$_4$（1 1 0）表面，产生的两个羟基结合在不同的表面 Fe 位上，形成两个表面羟基。这一结果与过氧化氢的两个主要分解路径一致。计算结果可以得出，羟基吸附最稳定的构型是 1E，结合能为−392.3kJ/mol，这两个羟基基团分别吸附在 Fe$_{tet}$ 和 Fe$_{oct}$ 顶位，与构型 1D 和 1F 相比，1E 构型中的 Fe-O 键长最短。通过以上分析，H$_2$O$_2$ 在 Fe$_3$O$_4$（1 1 0）A layer 表面的吸附机理倾向于遵循解离吸附的规律。图 6-21 所示为 H$_2$O$_2$ 在 Fe$_3$O$_4$（1 1 0）A1 层表面的反应构型。

对于 H$_2$O$_2$ 在 Fe$_3$O$_4$（1 1 0）B1 层上的吸附机理，H$_2$O$_2$ 在 Fe$_3$O$_4$（1 1 0）B1 层上的吸附稳定构型如图 6-22 所示。表 6-5 列出了 H$_2$O$_2$ 吸附的结合能和优化的几何参数。从图中可以看出，H$_2$O$_2$ 的吸附位点与在 A1 层类似：与 O 位和空位相比，在表面 Fe 顶位上吸附 H$_2$O$_2$ 其中一个 O 原子更加稳定。然而，计算构型 2A 和 2B 的结合能表明，H$_2$O$_2$ 和 B1 层表面之间表现出很弱的相互作用。从表 6-5 可以看出，在 2A 和 2B 结构中，H$_2$O$_2$ 中 O^1-O^2 的键长略有增加，但 H$_2$O$_2$ 仍处于分子状态，因此在 B1 层上不遵循解离吸附方式。而且，O^1/O^2 与 Fe$_{oct}$ 的原子距离分别为 2.296Å 和 2.243Å，大于 A1 层上

Fe-O^1/O^2 的键长。可以得出结论，H_2O_2 和 B1 层之间的吸附是物理吸附，表面不稳定，且 H_2O_2 分子中的羟基基团很难被激活。

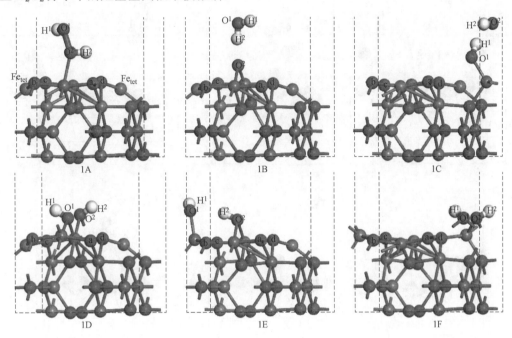

图 6-21　H_2O_2 在 Fe_3O_4（1 1 0）A1 层表面的反应构型

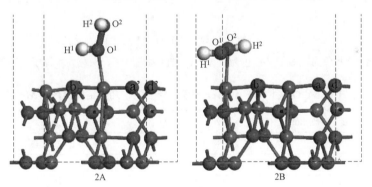

图 6-22　结构优化后 H_2O_2 在 Fe_3O_4（1 1 0）B1 层表面结合构型图

二、Hg 在 H_2O_2/Fe_3O_4（1 1 0）表面的反应

气相汞反应物的吸附是非均相气态高级氧化过程脱汞的重要步骤之一。通过在 Fe_3O_4（1 1 0）表面同时放置 Hg^0 和 H_2O_2，Zhou 等[92]研究 Hg^0 在 H_2O_2/Fe_3O_4（1 1 0）表面的吸附机理。同样考虑了多种可能的 Hg^0 和 H_2O_2 分子在表面的相对位置和朝向。对于 H_2O_2 分子，与以往的 H_2O_2 和 Fe_3O_4（1 1 0）的相对位置相似。但是，Hg^0 最初分别位于 O^1/O^2 原子的顶部和侧面。此外，还研究了 Hg^0 在 Fe_{oct}、Fe_{tet}、O 和 Fe_3O_4（1 1 0）表面空穴位上的不同初始构型。几何结构优化后，得到的 6 个稳定的吸附结构，如图 6-23 所示（3A-3F）。与 O 位和空穴位相比，Hg^0 更倾向于与 Fe 顶位和 H_2O_2 解离产生的表面

羟基结合。Hg⁰在表面吸附的结合能、几何参数和Mulliken电荷变化见表6-5。

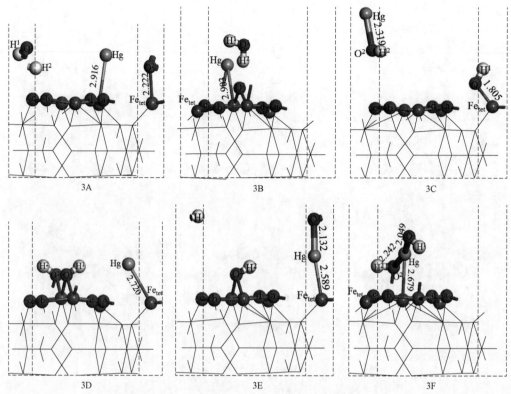

图 6-23 Hg 在 H₂O₂/Fe₃O₄（1 1 0）A1 层表面的反应构型

（蓝色为铁原子，红色为氧原子，白色为氢原子，灰色为汞原子）

表 6-5 Hg 在 H₂O₂/Fe₃O₄（1 1 0）A layer 表面的结合能、几何结构参数和 Mulliken 电荷变化

几何结构	E_{bind}（kJ/mol）	R_{O1-O2}（Å）	$Q_{H1/H2}$（e）	$Q_{O1/O2}$（e）	Q_{Hg}（e）
3A	−83.3	1.488	0.45/0.44	−0.47/−0.45	0.10
3B	−343.8	2.679	0.46/0.40	−0.89/−0.60	0.19
3C	−294.8	2.595	0.39/0.43	−0.77/−0.83	0.27
3D	−452.1	2.966	0.39/0.40	−0.82/−0.83	0.17
3E	−328.3	4.648	0.41/0.41	−0.84/−0.77	0.33
3F	−224.3	2.683	0.41/0.41	−0.82/−0.78	0.72

注：E_{bind}，R 和 Q 分别表示结合能，键长和 Mulliken 电荷变化。

在 3A 构型中，Hg⁰、H₂O₂ 和 Fe₃O₄（1 1 0）表面的原始相对位置如下：H₂O₂ 分子的 O¹-O² 键平行于底层，H₂O₂ 置于 Fe_tet 顶位；Hg⁰ 置于 H₂O₂ 的 O² 原子侧。与构型 1A 相似，O¹-O² 键长仅比原始 H₂O₂ 长 0.012Å。计算结果表明，表面 H₂O₂ 不遵循解离吸附方式。Hg⁰ 吸附在 Fe_oct 上，其结合能仅比 1A 低 44.8kJ/mol，说明 Hg⁰ 与催化剂表面的相互作用较弱。另外，从表 6-5 可以看出，Hg⁰ 的 Mulliken 电荷的增加量很小，说明 Hg⁰ 几乎不能与羟基基团相互作用。

在 3B 构型中，H_2O_2 的原始 O^1-O^2 键垂直于底层，H_2O_2 放置在 Fe_{oct} 顶位，Hg^0 放置在 H_2O_2 的 O^1 原子侧方。如图 6-23 所示的计算结果与在 1B 构型中 H_2O_2 分解的结果相似。O^1-O^2 键的断裂导致初级产物由自由态 H_2O 和吸附的 O 原子组成。而当体系处于平衡状态时，这些小分子并没有与 Hg^0 发生相互作用。而且，Hg^0 在两个相邻的周期性 Fe_{oct} 位点上吸附，Hg-Fe 键长分别为 2.903Å 和 2.913Å。通过以上分析表明，Hg^0 与该层之间的相互作用是物理吸附方式，而且在表面并不稳定。

在 3C 构型下，H_2O_2 的原始 O^1-O^2 键垂直于底层，H_2O_2 放置在 Fe_{tet} 顶位，Hg^0 放置在 H_2O_2 的 O^1 原子顶位。稳定后的 O^1-O^2 键被大大拉长，断裂成两个羟基，其中一个吸附在表面，另一个被 Hg 原子捕获并形成强烈的相互作用，Hg-OH 键长为 2.319Å。而重新成键结果表明，Hg-OH 中间产物处于自由态，在一定的外界干扰因素作用下，可以离开基体表面进入气体反应物体系。据我们所知，Hg-OH 是不稳定的，很可能成为反应物与羟基再次相互作用，形成稳定的 Hg（OH）$_2$ 并最终转化为 HgO。由表 6-6 所示的 Mulliken 电荷布局表明，与 Hg 键合的 O^2 原子的电荷减少了 0.26e，且该值低于 O^1 的电荷变化量，表明失去的电子主要从 Hg^0 转移到自由态 OH。值得注意的是，氢原子的电荷也降低了 0.14e，因为羟基的强吸电子特性也从 Fe_3O_4（１１０）表面上获得了电子。此外，1C 和 3C 的结合能表明 Hg-OH 的结合过程是放热的，说明 Hg^0 和 OH 在 Fe_3O_4（１１０）表面与 H_2O_2 的反应在热力学上是有利的。

在 3D 构型中，H_2O_2 的原始 O^1-O^2 键平行于底层，H_2O 被放置在 Fe_{oct} 顶位，Hg^0 被放置在 H_2O_2 的侧面。经计算，Hg^0 原子与吸附的 OH 没有发生相互作用，而是吸附在 Fe_{tet} 位上，Hg 与 Fe 原子间距为 2.720Å。3D 构型的结合能为 –425kJ/mol，而大部分能量来自羟基在 Fe_{oct} 位点的吸附。Mulliken 电荷布局分析表明，从 Hg^0 到 Fe_3O_4（１１０）表面的电子转移仅为 0.17e。因此，Hg^0 在 Fe_{tet} 顶位上吸附相对较弱。

计算表明，Hg-OH 能在 3E 构型中生成并吸附在 Fe_3O_4（１１０）表面，H_2O_2 的原始 O^1-O^2 键垂直于底层，H_2O_2 放置在两个 Fe_{oct} 原子的空穴上，Hg^0 放置在 H_2O_2 的侧面。H_2O_2 通过 O^1-O^2 键的断裂解离形成两个羟基，其中一个吸附在两个 Fe_{oct} 位点上，另一个与汞结合，Hg-OH 键长为 2.132Å，是计算构型中最短的一个。其结合能的绝对值大于 3C 构型，主要是由于生成的 Hg-OH 中间产物通过分子吸附在 Fe_{tet} 位上并与表面发生相互作用，释放出一定的能量。由于生成羟基的强吸电子特性，Hg^0 的电荷转移约 0.33e，与 Hg 结合的 O^1 原子的电荷转移小于 O^2 中电荷转移。

在 3F 构型中，H_2O_2 的原始 O^1-O^2 键平行于底层，H_2O_2 放置在两个 Fe_{oct} 原子的空穴上；Hg^0 放置在 H_2O_2 的侧面。与 3E 构型不同的是，所得 3F 构型中过氧化氢分解生成的两个羟基可以与 Hg^0 相互作用生成 OH-Hg-OH 中间体。由于 Hg-O^1H^1 键的长度只有 2.049Å，比另一个稍短，汞原子似乎更倾向于与羟基结合。这种差异可以解释为，在 Hg^0 氧化过程中，O^2H^2 基团同时起到吸附的作用，在一定程度上弱化了反应物之间的结合强度。然而，Hg^0 的 Mulliken 电荷增加了 0.72e，两个 O，H 原子的 Mulliken 电荷减少了 0.78e，说明电荷从 Hg^0 转移至两个生成的羟基基团，对表面几乎没有不可逆的影响。因此，Hg^0 在 H_2O_2/Fe_3O_4（1 1 0）表面上的氧化主要发生在 Hg^0 与表面 OH 的反应中。

为了进一步研究 Hg^0 与 H_2O_2/Fe_3O_4（1 1 0）表面的相互作用机理，研究了 3F 结构下 Hg、Fe 和 O 表面原子的分态密度（PDOS）分析，结果如图 6-24 所示。在相互作用之前，O^1/O^2 原子在 H_2O_2 中的能键差别很小。s 轨道在 −24.3 eV 和 −19.3 eV 附近出现单峰，p 轨道主要在 −6.6 eV、−5.1 eV 和 −2.8 eV 出现单峰。此外，以费米能级为中心的 Hg 的 s 轨道被占据，Hg 的 p 轨道和 d 轨道分别在 −3.1 eV 和 5.8 eV 附近出现单峰。在 Hg 和 OH 相互作用后，O^1/O^2 的所有轨道都偏移到费米能级上，在 −24.3 eV 附近 O 的 s 轨道消失。同时，Hg^0 的所有轨道都偏移至较低的能级，表明 Hg-O 键已经形成。如图 6-24（b）和（d）所示，O^1/O^2 原子的 p 轨道和 Hg 的 s、d 轨道在 −8.5 eV、−7.5 eV、−5.6 eV、−3.7 eV 和 0.9 eV 左右出现多重叠加。O^1/O^2-p 轨道和 Hg^0 的 d 轨道的重叠表明 Hg^0 与表面羟基基团有较强的相互作用。而且，Hg^0 原子通过在 H_2O_2 分解期间接受 OH 基团的未成对电子而被氧化，提供了 Hg 和 OH 之间的化学键合的证据。这一结果与 Mulliken 电荷布局分析一致。值得一提的是，Hg^0 和 Fe_{oct} 原子的 d 轨道也是多重叠加的，表明 Hg 和 Fe 之间存在轨道杂化现象。然而，与相互作用前相比，表面 Fe_{oct} 原子的轨道没有明显的变化，因此，催化剂表面与生成的 OH-Hg-OH 中间体的相互作用较弱，容易发生吸附键的断裂。

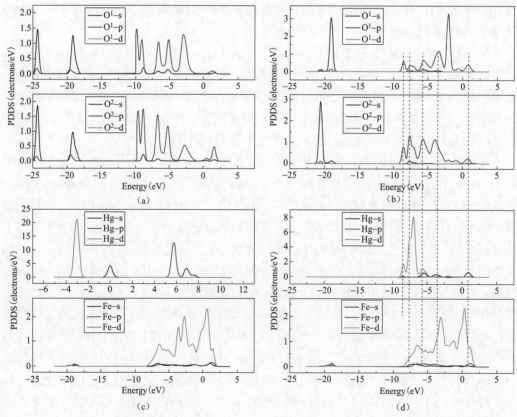

图 6-24　Hg^0 在 H_2O_2/Fe_3O_4（1 1 0）表面上反应前后 O、Hg 和 Fe 的 s、p、d 轨道的 PDOS 图
（a）和（c），反应前；（b）和（d），反应后（黑色，s 轨道；红色，p 轨道；蓝色，d 轨道）

三、Hg 在 H_2O_2/Fe_3O_4（110）表面的氧化路径

在上述计算的基础上，Hg^0 在 H_2O_2/Fe_3O_4（110）表面的相互作用过程中遵循氧化途径。因此，计算了 H_2O_2/Fe_3O_4（110）表面上 Hg^0 氧化的主要优化结构参数的反应途径和能量分布，结果如图 6-25 所示。图中为相对能量，能量与反应物有关，反应物的总能量设为 0。在图 6-25 中给出了 Hg^0 氧化过程的过渡态（TS）、中间体（IM）和最终状态（FS）的结构。计算揭示了四种不同的 Hg^0 氧化反应途径。对于路径 1，H_2O_2 和 Hg 同时吸附在 Fe_3O_4（110）表面形成中间体 IM1。然后，H_2O_2 的 O^1-O^2 键和 Hg-Fe_{tet} 键通过 TS1 形成 IM3。TS1 处于活性状态，含有两个生成的 OH 自由基。该步骤的能量屏障仅为 84.5kJ/mol，路径 1 和路径 2 的差别在于 TS1 到 IM3 的过程。后者包含一个中间产物（IM2），经过分离 OH 吸附和 Hg+OH→Hg-OH 两个步骤。能量分布表明，这两个步骤的放热分别为 224kJ/mol 和 104.6kJ/mol，表明易发生逐步氧化。

图 6-26 中的 Hg-OH+OH 和 HO-Hg-OH 的过程也显示出两种不同的 Hg-OH 氧化反应的可能路径。对于路径 1，HO-Hg-OH 通过 IM3→TS2→IM4→TS3→IM5 形成。在该反应路径中，TS2 和 TS3 的反应能垒分别为 120.5kJ/mol 和 185.6kJ/mol。然而，路径 3 只经过一步，通过 IM3→TS4→IM5 进行 Hg-OH 的氧化。反应能垒比第一步高 69.5kJ/mol。需要指出的是，路径 3 的能垒与路径 1 的第二步类似，即速率限制步骤。因此，Hg-OH 氧化过程类似于路径 1 的氧化过程，并且在烟气温度的影响下也可能发生平行反应。

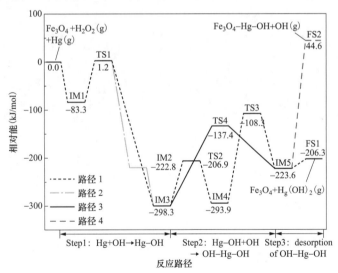

图 6-25　Hg^0 在 H_2O_2/Fe_3O_4（110）表面上可能的 4 种反应路径和能量图

还计算了汞可能的氧化产物从表面吸附位点脱离的能量分布。路径 1 和路径 4 呈现两种不同的情况。HO-Hg-OH 间体从表面分离时，在路径 1 中的反应能垒为 119.8kJ/mol。此外，还研究了 Hg-OH 键在 HO-Hg-OH 中的解离和 Hg-OH 或 OH 物种从表面的解吸。结果表明，由于吸热过程（如 OH 解吸过程为 268.2kJ/mol）的存在，上述键从催化剂表面的断裂几乎不是自发的。因此，由于高吸热过程的存在，吸附的 Hg-OH 键很难自发地从表面分离和解吸。比较这四种路径，路径 1 和路径 2 在热力学和动力学上都比其他途

径更有利。然而，路径 3 的反应能垒略高于路径 1。因此，H_2O_2/Fe_3O_4（1 1 0）表面上的 Hg^0 氧化过程可以经历三个不同的路径。

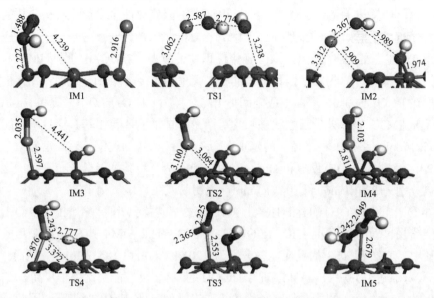

图 6-26 Hg^0 在 H_2O_2/Fe_3O_4（1 1 0）表面上可能的中间态和过渡态

第七章

燃煤烟气汞的协同脱除

燃煤烟气汞脱除技术，根据脱除汞的设备可分为增加专门的脱汞的设备和利用现有烟气净化设备协同脱汞两类。中国的燃煤汞含量较低，为脱除汞增添额外的设备，会消耗较高额的经济成本。因此在原有设备的基础上进行协同脱除，是较为可行的方案[93]。

燃煤烟气中汞的存在形态主要有单质汞 Hg^0、二价汞 Hg^{2+} 和颗粒态汞 Hg^p 3 种。Hg^p 作为固态颗粒污染物，可以被燃煤电厂的袋式除尘器和静电除尘器等除尘设施捕集脱除；Hg^{2+} 因为具有较强的吸附性能以及较强的水溶性，除尘设备和湿法脱硫设备对其具有一定的脱除能力。而 Hg^0 物理化学性质稳定，几乎不溶于水且因为挥发性高，几乎都以气态形式存在，难以被电厂现有的污染处理设施脱除[94]。因此，燃煤烟气中的汞的排放控制重点应该是，在现有的燃煤污染物处理设备的基础上进行改造，将危害性高、难以被捕集的 Hg^0，转化为易脱除的 Hg^{2+} 或者 Hg^p，是燃煤电厂广泛采取的一种控制汞的排放的思路。

现有的燃煤烟气协同脱硫，主要是在脱硝、脱硫以及除尘设备的基础上进行改造，使 Hg^0 转化为 Hg^{2+} 或者 Hg^p，并进行去除。

第一节　脱硝设备改造对协同脱汞技术的影响

一、LNB 低氮燃烧器

火电厂控制 NO_x 排放的主要工程措施有低氮燃烧技术、选择性催化还原 SCR（Selective Catalytic Reduction）和选择性非催化还原法 SNCR（Selective Non-Catalytic Reduction）。由于烟气脱硝技术成本较高，应该优先采用低氮燃烧技术，最大程度减少进入烟气脱硝装置之前的烟气中的 NO_x 含量，以降低投资和运行成本。空气分级燃烧和低燃燃烧器是低燃燃烧技术中应用最广泛的两种工程技术[95]。低氮燃烧器在抑制 NO_x 的生成方面有着明显的优势。而对于实施 SCR+LNB 方案的燃煤机组，最低可将氮氧化物的排放降至 50mg/Nm³ 以内[96]。LNB 采用燃烧分级或空气分级燃烧技术，通过降低火焰温度、氮气和氧气浓度来控制 NO_x 排放，其工作温度通常为 1200～1500℃，在此范围内，煤中汞以 Hg^0 形式完全释放。但其燃烧温度较低，有利于烟气中汞的氧化和 Hg^{2+}

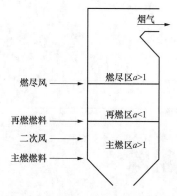

图 7-1　燃料分级燃烧原理示意图
（a 为空气系数）

含量的增加；同时飞灰中残炭含量会增加，利于汞的吸附[97]。

燃烧分级燃烧原理如图 7-1 所示，将待燃烧的燃料分级分段送入炉膛内，可以有效降低燃烧时排放的 NO_x。空气分级燃烧技术原理如图 7-2 所示，供给主燃区的空气量减少到燃烧所需全部空气量的 70%～80%，燃料缺氧状态燃烧造成还原性气氛，抑制 NO_x 生成；燃烧所需的其余空气通过燃尽风喷口送入炉膛上方，完成燃烧过程[95]。

超低排放改造过程中，SCR 脱硝装置（以下简称 SCR）入口 NO_x 浓度不能满足要求的机组，可选择采用 LNB 技术。常见煤粉炉燃烧器的汞排放修正因子（汞向大气排放的系数 EMF 值）见表 7-1[98]。

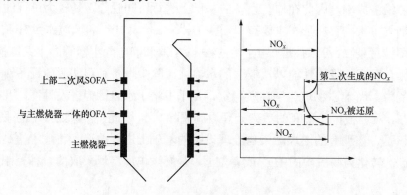

图 7-2　空气分级燃烧技术原理

表 7-1　　　　　　　　　　　普通燃烧器和低氮燃烧器汞排放修正因子

燃烧器形式	EMF 值	
	普通燃烧器	低氮燃烧器
四角切圆布置	1.000	0.625
前后墙对冲布置	0.918	0.812
旋流燃烧器	0.930	0.540

二、SCR 选择催化还原技术

选择性催化还原技术，也称为 SCR 技术，是指将还原剂喷入烟气中，在催化剂的催化作用下，烟气中的 NO_x 被还原剂还原为 N_2 的技术。SCR 脱硝装置如图 7-3 所示。选择性催化还原（SCR）装置在还原 NO_x 的同时，能够将 Hg^0 氧化成 Hg^{2+}，Hg^{2+} 相对更易被湿式喷淋装置脱除。Hg^0 被 SCR 装置催化氧化的效率可达 80%～90%，氧化效率的高低受催化反应器的空塔速度、反应的温度、氨的浓度、催化剂的寿命、气流中氯的浓度等因素影响[97]。SCR 设备能将 Hg^0 氧化成 Hg^{2+}，因而提高了后续除尘和脱硫设备的脱汞效率[26]。SCR 催化剂对 Hg^0 的氧化效率为 30%～80%，除反应器空速、温度及催化剂寿命外，主要受到氯含量的影响[99]。氯含量越高，汞的氧化率越高；对于燃用烟煤、无烟煤的电厂，SCR 出口烟气中 Hg^{2+} 含量增加 35%[100]；若与除尘和脱硫设备同时运行，联合脱汞效率可达 90%以上[101]。

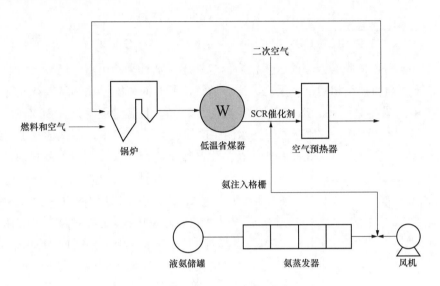

图 7-3　燃煤电厂烟气 SCR 脱硝装置示意图

由于 SCR 技术脱硝效率高且运行稳定，反应的选择性较高、转化率好、很多 SCR 的反应温度与锅炉的烟气温度近似，从实用的角度来说可以节省能源，在工业生产中应用广泛，主要脱除固定源 NO_x[102]。铜基 SCR 催化剂主要包括铜的氧化物和氯化物等物质。铜氧化物在低温 SCR 催化过程中有重要作用，纯 CuO 在 300℃时的脱硝率能够达到 80%，而加入 MNO_x 改性的 CuO 的脱硝效率在 100～200℃时能达 100%。CuO 催化剂在实际燃煤烟气中也具有很好的催化氧化单质汞的效果[103]。各类 SCR 催化剂对比见表 7-2。

表 7-2　　　　　　　　　　　　　　SCR 使用的各类催化剂

催化剂种类	优点	缺点
贵金属类	对 NO_x 选择性好，脱硝效率高，热稳定性能优异	生产成本高，低温范围内催化效果较差
钒基催化剂	TiO_2 载体抗硫性较好，具有较大的表面积，V_2O_5 可以均匀地分散在 TiO_2 载体表面，脱硝效率高	毒性较高，机械强度较差，热稳定性差
铜基催化剂	$CuCl_2/TiO_2$ 催化剂的优势在于低 HCl 浓度条件下仍能实现汞的高效氧化；铜氧化物在低温 SCR 催化过程中有重要作用，纯 CuO 在 300℃时的脱硝率能够达到 80%	温度升高催化剂表面吸附的 HCl 不稳定，活性 Cl 数量减少
铈基催化剂	$CeTi/TiO_2$ 在低温下有很高的 SCR 脱硝活性，对低价煤烟气中的单质高效氧化，环境友好	目前处于实验室阶段，工业化应用仍存在问题

三、SNCR 非选择催化还原技术

选择性非催化还原技术，也称为 SNCR 技术，是指将还原剂喷入高温烟道内，还原剂与烟气中的 NO_x 反应生成 N_2，原理图如图 7-4 所示。常用的还原剂有 NH_3、尿素、三聚氰酸等。SNCR 反应最佳的温度范围为 850～1100℃。主要的化学反应方程式为

$$4NH_3 + 4NO + 3O_2 \longrightarrow 4N_2 + 6H_2O + 2CO_2 \qquad (7-1)$$

$$2(NH_2)_2CO + 4NO + O_2 \longrightarrow 4N_2 + 4H_2O + 2CO_2 \qquad (7-2)$$

同时影响 SNCR 脱硝效率的因素很多，包括还原剂种类和用量、还原剂与烟气的混合程度、添加剂的种类和用量、反应温度、烟气停留时间、氨氮比和氧气浓度等。烟气脱硝 SNCR 如图 7-4 所示。SNCR 技术反应温度较高，且脱硝效率只有 30%～60%，脱硝效率较低[102]。目前大多数新型干法水泥生产线配套了 SNCR，测试选取了两组其他状况完全相同，变量只有 SNCR 是否运行的生产线来研究 SNCR 对烟气汞排放的影响。

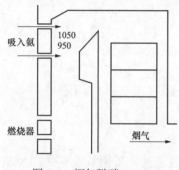

图 7-4 烟气脱硝 SNCR

6/8 号线为一组，7/9 号线为二组[104]。循环流化床锅炉的燃烧方式特殊，比较适合采用 SNCR 技术。SNCR 工作区域的温度通常为 800℃以上，对煤中汞的释放过程基本没有影响。但 SNCR 工艺一般是向锅炉中过热器前大于 800℃的位置喷入尿素水溶液，会影响煤的继续燃烧，造成飞灰及未燃烧碳含量提高，有可能在一定程度上促进烟气中 Hg^0 向 Hg^p 转化，这对汞的脱除是有利的。然而，现场试验表明以尿素为还原剂的 SNCR 系统对汞的氧化或脱除过程未表现出任何正面或负面影响[105]。

第二节 除尘设备改造对脱汞能力的影响

在现有的除尘设备的基础上进行改造，也是协同脱除的方法之一。除尘技术改造前示意图如图 7-5 所示。

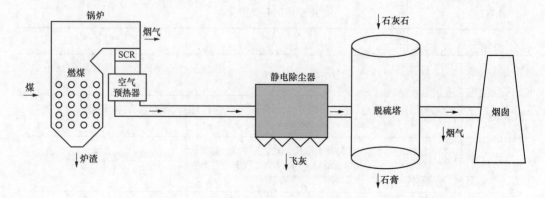

图 7-5 除尘技术改造前示意图

一、LLT-ESR 低低温电除尘

低低温电除尘技术（见图 7-6）是在空气预热器后、传统电除尘器（ESP）前增设低温省煤器或烟气换热设备，将 ESP 进口烟气温度降低到酸露点以下，一般为 85～110℃。

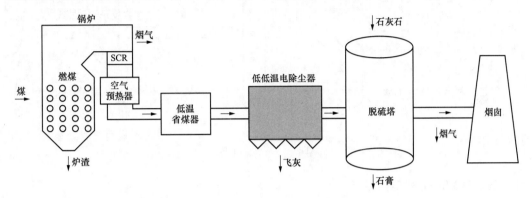

图 7-6　低低温电除尘技术

当烟气温度降至 90℃左右时，飞灰比电阻可降低 1～2 个数量级使得飞灰比电阻低于反电晕临界值，产生反电晕的概率降低；降低烟气温度还会使气体的黏滞性减小，从而减小烟气中飞灰的电迁移阻力，烟气体积流量随烟气温度的降低而减小，电场风速降低，有利于捕集飞灰。因此大幅提高了电除尘器的收尘效率，从而具有较强的吸附性能的二价汞 Hg^{2+} 和单质汞 Hg^0 在烟灰上富集，方便脱除。低低温省煤器出口烟气温度降低时会促进单质汞 Hg^0 向二价汞 Hg^{2+} 或颗粒汞 Hg^p 的转变[106]，同时，由于电除尘器电晕辉光房放电使 O_2 电离产生的 O、O_3 和紫外线高能电子流作为强氧化剂，能够氧化单质汞 Hg^0 生成较稳定的 HgO，克服了单质汞 Hg^0 难以被电厂现有设施脱除这一难题。研究[107]表明，该技术可使单质汞 Hg^0 的脱除率提至高于干式电除尘脱除率 20%以上。同时，低低温电除尘技术还能增强对细颗粒物的脱除性能[108]，从而进一步提高颗粒汞 Hg^p 的脱除效率。研究[109]表明，应用此技术的低低温电除尘对总汞的脱除效率可提高近 40%。

二、ESP-FF 电袋除尘

电袋除尘器（见图 7-7）是静电除尘器和布袋除尘器二者的有机结合。通过前级电场的预收尘、荷电作用和后级滤袋区过滤除尘，能捕集 80%左右的粉尘，前级电除尘区到达后级除尘区后还可进行二次脱除，使得后级滤袋中的吸附剂受污染少，提高了吸附剂的利用率[110]。研究[111]表明，电袋除尘器的出口粉尘浓度稳定在最低排放标准附近，对于汞和重金属等污染物具有较好的协同脱除性能。在操作正常工况下，电袋除尘器对 PM2.5 的脱除效率远高于湿式静电（WESP），接近 98%～99%，对于极细的颗粒汞 Hg^p 也有良好的脱除性能[107]。

运行良好的电袋除尘器中，烟气中的颗粒物能够高效脱除颗粒汞 Hg^p，单质汞 Hg^0 和二价汞 Hg^{2+} 易被附着在飞灰上，当烟气通过静电除尘器和布袋除尘器时，单质汞 Hg^0 和二价汞 Hg^{2+} 能够被捕获。此外，电袋除尘器清灰周期长，使得吸附剂的作用时间延长，并且荷电粉尘与荷电吸附剂产生的气溶胶效应，能够高效脱除颗粒汞 Hg^p 和单质汞 Hg^0。

根据美国 EERC（能源与环境研究中心）的测试结果，电袋脱汞效率能达到 90% 以上[112]。

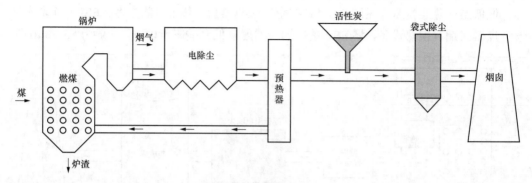

图 7-7　电袋除尘器

三、WESP 湿式电除尘

湿式静电除尘器（WESP）与 ESP 的结构和工作原理类似，通过电晕放电使烟气中雾滴和颗粒物荷电，在电场作用下被集尘极捕集，如图 7-8 所示。不同的是，WEPS 用喷淋系统代替了传统的振打清灰系统，阳极板表面不会形成灰层，从而克服了反电晕和二次扬尘的问题。另外，喷淋系统中含液滴的高湿烟气条件下，烟气的起晕电压更低、放电能力更强；颗粒表面形成液膜中的离子会改变颗粒的荷电，有助于提高颗粒表面的带电性能，使管内的电场能持续保持荷电状态[107]，对微细金属颗粒和 SO_3 酸雾液滴等亚微米颗粒表现出较好的捕集能力[113]。因此，WESP 的除尘效率及脱汞效率均较高，根据[114]美国国家能源部的金属管式和板式 WESP 脱汞测试数据见表 7-3。

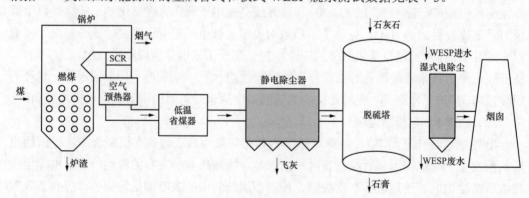

图 7-8　湿式电除尘技术

表 7-3　　　　　　　　　　金属管式和板式 WESP 脱汞测试数据　　　　　　　　　　（%）

阳极板材料	脱除效率平均值	
	金属管式	板式
单质汞	36	33
氧化汞	76	82
颗粒汞	67	100

此外，文献［115］中研究表明，在喷淋系统循环水中添加水膜添加剂可提高 Hg^0 的脱除率。不同水膜添加剂对 Hg^0 的脱除效果见表 7-4。

表 7-4	不同水膜添加剂对 Hg^0 的脱除效果 （%）
试剂名称	Hg^0 脱除效率
无添加剂组	33.00
$NaClO_3$	36.59
$NaClO_2$	70.69
$K2Cr_2O_7$	35.26
$Ca（ClO）_2$	40.23

电厂中 WESP 一般布置于脱硫塔之后，经过前段多重净化设备之后，其入口烟气中汞的含量较低，实际的协同脱汞效率并不明显[116]。

第三节 脱硫设备改造对协同脱汞能力的影响

石灰石 - 石膏湿法脱硫（WFGD）是中国燃煤电厂中最常见的烟气脱硫技术，其脱硫原理如图 7-9 所示。

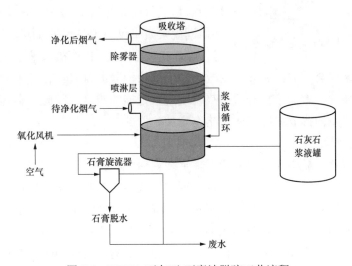

图 7-9 WFGD 石灰石-石膏法脱硫工艺流程

烟气在进入吸收塔后，Hg^{2+} 会与吸收塔中的脱硫浆液进行反应，即

$$2Hg^{2+} + Cl^- \longrightarrow 2HgCl^- \tag{7-3}$$

$$HgCl^- + Cl \longrightarrow HgCl_2 \tag{7-4}$$

$$HgCl_2 + Cl^- \longrightarrow Hg[Cl]_3^- \tag{7-5}$$

$$Hg[Cl]_3^- + Cl^- \longrightarrow Hg[Cl]_4^{2-} \tag{7-6}$$

生成络合物将 Hg^{2+} 固定在脱硫浆液中，由于 Hg^{2+} 易溶于水，且 WFGD 系统温度较低，可除去 85%以上的 Hg^{2+}，但对 Hg^0 的脱除效果不明显[117]。WFGD 对烟气中汞的脱除率在 10%～90%范围内[97, 118]，平均值为 47%。WFGD 对烟煤的协同脱汞效率较高，主要与烟煤烟气中汞的高氧化率有关；随着液气比、pH 值的增加，脱汞效率逐渐增加[119]。另外，WFGD 中少量 Hg^{2+} 可与 2 价离子（如 SO_3^{2-}、Fe^{2+}、Mn^{2+}等）反应，被还原为 Hg^0；文献［117］现场测试表明，WFGD 中 Hg^0 的浓度可提高约 33%。

为提高脱硫效率，满足超低排放标准，改造技术有单塔提效增容、增设均流装置、双塔双循环等。

1. 单塔提效增容

单塔提效增容一般采用更换高效喷嘴、增加喷嘴数量和喷淋层数等措施（见图 7-10

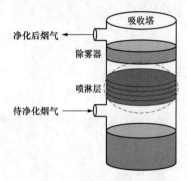

图 7-10　单塔提效增容改造部位

画圈部位），增大烟气与浆液的接触面积、液气比，进而提高脱硫效率及脱汞效率[118]。但循环泵等设备费用和运行电费将增加，且液气比过大会减小浆液停留时间，不利于化学反应与结晶，同时使出口雾滴夹带增加，对后续设备不利。通常，液气比的范围为 15～25L/m³，根据文献［120］，在此范围内脱汞效率的增量较小。以某 660MW 机组为例，超低排放改造后脱硫塔液气比设计值由 12.38L/m³ 增至 19.33L/m³，其协同脱汞效率仅由 15.5%左右增至 17.7%左右。同时，随着液气比增大，Hg^{2+} 被浆液中化学物质重新还原为 Hg^0 的概率也会增加；另外，由改造带来的除尘器出口 Hg^{2+} 浓度低及烟尘浓度低、粒径小等不利条件，增加了提升脱硫塔协同脱汞性能的难度。因此，存在单塔提效增容改造后脱硫出口汞的排放浓度较入口略有增加的情况[121]。

2. 增设均流装置

所谓均流装置一般指托盘或者旋汇耦合装置。托盘技术是通过开孔使烟气形成整流，并在托盘上产生一定厚度的持液层，烟气通过持液层时与浆液充分接触、传质；旋汇耦合技术是通过旋汇耦合装置形成气液旋转、翻腾的湍流持液空间，实现气液固三相充分接触。两者均能增加烟气与浆液的接触概率以及在塔内的停留时间，提高脱硫效率的同时提高了烟尘和汞的脱除效率。增设均流装置与单塔提效增容的改造方式基本一致，托盘技术主要是对喷淋层进行改造（见图 7-11），旋回耦合技术主要在吸收塔的脱硫浆液中加入旋汇耦合装置（见图 7-12）。

文献［113］认为，旋汇耦合技术的气液传质强化能力要好于托盘技术，应更有利于协同脱汞，但目前还缺乏实测数据予以证实。

3. 双塔循环技术

该技术主要针对燃烧高硫煤的机组，烟气经过一级塔脱除部分 SO_2 之后再进入二级塔（见图 7-13），脱硫效率可达 99%以上；且对机组负荷及燃煤含硫量波动的适应性较强。同时，烟气在脱硫塔中的停留时间和与浆液反应的时间变长，是否有助于提升汞的脱除效率，尚未见报道。

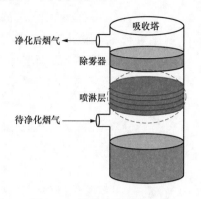

图 7-11　托盘技术改造部位

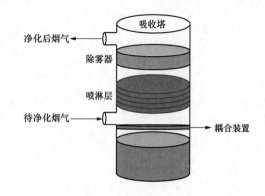

图 7-12　旋汇耦合装置改造部位

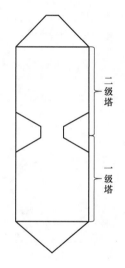

图 7-13　双塔循环脱硫

第四篇　新型烟气汞治理技术篇

第八章

量子化学计算在燃煤电站
汞排放控制中的应用

目前学者们对燃煤电站汞的检测及排放技术研究常采用在线监测、现场取样、实验模拟及表征测试等方法，然而这些方法仅能从表观、宏观层面提供定量分析，对分子/原子层面的机理分析仍存在缺陷，因此，有必要采用更加先进的技术对燃煤电站汞行为开展微观层面分析，并对其释放及脱除特性进行有效预测。近年来，量子化学计算逐渐应用于燃煤污染物的排放控制领域，根据原子核和电子的相互作用原理计算分子（或离子）结构及能量，从而得到物质的各种性质[123]。量子化学计算在揭示燃煤电站汞的反应机理、开发脱汞材料方面具有较大应用。

第一节　量子化学计算方法及软件简介

量子化学是应用量子力学的基本理论和方法研究化学问题的基础科学，包括分子结构、性能及其结构及性能之间的关系，分子间相互作用等问题。量子化学的本质是通过求解薛定谔方程得到粒子的运动规律，其表达式为

$$\hat{H}\psi = E\psi \tag{8-1}$$

$$\left[-\frac{\hbar^2}{2m}\sum_{i=1}^{N}\nabla_i^2 + \sum_{i=1}^{N}V(r_i) + \sum_{i=1}^{N}\sum_{j<i}U(r_i,r_j) \right]\psi = E\psi \tag{8-2}$$

式中：$\hat{H}$ 为描述体系中各种运动以及相互间作用能量的数学表达式，包括粒子的动能项 $-\frac{\hbar^2}{2m}\sum_{i=1}^{N}\nabla_i^2$、势能项 $\sum_{i=1}^{N}V(r_i)$，以及粒子间的相互作用项 $\sum_{i=1}^{N}\sum_{j<i}U(r_i,r_j)$；$\psi$ 为波函数，用于表述微观粒子的运动状态。

目前对于薛定谔方程通常采用近似求解的方法，密度泛函理论（density functional theory，DFT）是一种有效的处理电子体系的理论方法，在燃烧学领域，已有不少学者应用该方法探究了煤燃烧过程中气体的释放特性、烟气组分在未燃尽碳表面的吸附以及有害气体的捕集等，并取得了相应成果。DFT 根据 Born-Oppenheimer 绝热近似理论，将电

子的运动简化为在原子核势场下的运动，使得波函数仅与电子坐标有关，大大简化了求解难度。其基本原理为：每个电子存在 3 个空间变量，N 个电子就需要计算 $3N$ 个变量。然而，如果将电子密度作为基本量，那么该问题就可以转化为一个三维问题，这样就可以极大地简化计算流程，降低计算成本[124, 125]。

目前已有不少的开源或商业软件应用于量子化学计算，如 VASP（Vienna Ab initio Simulation Package）[126]、Materials Studio（MS）[127]、Gaussian[128]、Amsterdam Density Functional（ADF）[129]、Crystal[130] 等。这些软件有的基于平面波，有的则是基于原子轨道线性组合。其中，在燃煤电站汞排放控制领域最普遍使用的软件为 VASP、MS 及 Gaussian。

VASP[131-133] 利用平面波基组和赝势方法描述电子-核相互作用，是目前材料模拟和电子结构计算中最流行的软件之一。VASP 软件主要基于 DFT 中的 LDA-GGA 泛函，进行周期边界条件的计算及超胞的构建，计算原子、分子、簇、纳米结构等的性质，可以用来计算固体表面及液相系统的性质。在物理性质方面，VASP 在研究材料结构参数、电子结构、化学键、光学和磁性能方面具有突出优势，该软件在复杂表面重构、薄膜形成、分子/原子在固体表面的吸附上有较好的应用。

MS 为计算仿真和建模提供了高效平台，可以帮助解决物理、化学和材料科学中的一些重要问题。CASTEP[134] 和 DMol^3 [135] 是 MS[136] 软件中用于第一性原理量子力学计算的模块。CASTEP 更加擅长于固体材料的计算，通常采用平面波赝势方法和 LDA/GGA 理论探索电子相互作用的交换相关能。该模块可用于研究能带结构、态密度、电荷分布、轨道性质、磁性能等。除计算表面和固体性质外，DMol^3 还可用于均相催化、多相催化、分子反应和半导体研究，同时可预测结构、反应能垒、反应能、热力学性质、振动光谱等。

Gaussian[137] 软件通常用于研究分子能量和结构变化，包括从头算和半经验计算，此外，也可用于描述过渡态能量和结构、振动频率、热力学性质、反应路径等分子性质。然而，由于非均相体系或溶液中化学反应较慢，反应时间较长，且在合理时间内并不能一直达到收敛，因此其应用具有局限性。

第二节　SCR 催化剂表面汞催化氧化机理

选择性催化还原（SCR）技术是燃煤电站控制 NO_x 排放最成熟、稳定的技术，其脱硝效率可以达到 90%以上[138, 139]。SCR 系统可以促进 Hg^0 氧化为 Hg^{2+}，生成的 Hg^{2+} 随即经过湿法烟气脱硫系统后被脱除，该方法也被认为是最方便、经济的减汞方法。目前，学者们关于 SCR 催化剂表面汞的氧化研究主要集中于钒基、锰基及铈基催化剂上，并提出了 Deacon、Eley-Rideal（E-R）、Langmuir-Hinshelwood（L-H）及 Mars-Maessen（M-M）等氧化机理，反应机理取决于催化剂类型[140]。

钒基催化剂是燃煤电站最普遍使用的 SCR 催化剂，Hg^0 在钒基催化剂表面的催化氧化主要包括吸附和氧化两部分。DFT 方法结合平板周期模型可以从原子层面揭示 Hg^0 的吸附和氧化过程，其中，建立合适的催化剂模型是探究 SCR 反应过程的关键。V_2O_5 是商用钒基 SCR 催化剂的活性组分，通常负载在 TiO_2 载体上。活性组分与载体之间的相互作用对 Hg^0 的吸附起着重要作用[141]，例如，Hg^0 在 V_2O_5/TiO_2（001）表面的吸附能远低于其在 TiO_2（001）表面的吸附能，这也与 Hg 原子在催化剂表面的覆盖度有关。此外，在钒基催化剂中添加 WO_3 可以提高 O（1）-V 的反应活性，同时也可以促进活性组分 V_2O_5 的分布。DFT 计算表明，V_2O_5-WO_3-TiO_2 对于 Hg^0 的氧化能力远大于 V_2O_5-TiO_2 或 WO_3-TiO_2[142]。

明确催化剂表面 Hg^0 的氧化机理需对反应过程中的中间体、过渡态、活化能等信息进行计算。燃煤烟气中的 HCl、HBr 等明显促进了 SCR 催化剂表面 Hg 的氧化，HCl 在 V_2O_5/TiO_2（001）表面的反应过程如图 8-1 所示。可以看出，HCl 在 V_2O_5/TiO_2（001）表面发生了解离，生成活性氯基团（Cl-V^{5+}），该过程需克服能垒 101.53kJ/mol。

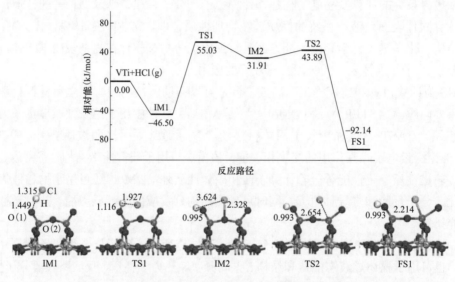

图 8-1　HCl 在 V_2O_5/TiO_2（001）表面的吸附及活化过程

（红色：O 原子；紫色：V 原子；灰色：Ti 原子；白色：H 原子；绿色：Cl 原子）[75]

V_2O_5/TiO_2（001）表面 Hg^0 被 HCl 氧化的过程遵循 Eley-Rideal 机理，即 HCl 先在催化剂表面形成配合物，进一步与 Hg^0 反应，实现 Hg 的氧化，主要分为三个步骤，两条路径，如图 8-2 所示。主要步骤包括：①Hg^0+HCl→HgCl；②HgCl+HCl→$HgCl_2$；③$HgCl_2$ 的解吸附。其中，第二步为 Hg^0 氧化过程中的速率决定步，对应最高能垒为 91.53kJ/mol。无论从动力学还是热力学角度进行分析，路径 1 比路径 2 更容易发生。然而，两条路径所需克服能垒差并不明显，说明 Hg^0 在 V_2O_5/TiO_2（001）表面的氧化过程同时包括这两条路径。

V_2O_5/TiO_2（001）表面 Hg^0 被 HBr 氧化的过程与 HCl 相似，催化剂表面 HBr 解离所需要克服的能垒为 85.59kJ/mol，低于 HCl 解离所需要克服的能垒。同样，速率决定步所需克服的能垒（66.97kJ/mol）也比 HCl 作为氧化剂所需克服能垒低[143]。该计算结果可为实验现象提供合理解释，即相比于 HCl，HBr 促进 Hg^0 氧化的效果更强。

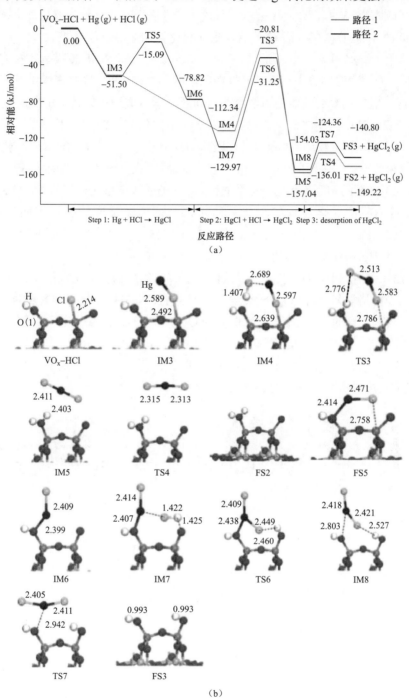

（b）

图 8-2　Hg^0 在 V$_2$O$_5$/TiO$_2$（001）表面的氧化过程[75]

（红色：O 原子；紫色：V 原子；灰色：Ti 原子；蓝色：Hg 原子；白色：H 原子；绿色：Cl 原子）

（a）Hg^0 在 V$_2$O$_5$/TiO$_2$（001）表面氧化的反应势能面；

（b）Hg^0 在 V$_2$O$_5$/TiO$_2$（001）表面氧化过程的中间体、过渡态及终态构型采用过渡态金属修饰 V 基催化剂有利于拓宽催化剂表面 Hg^0 的氧化温度窗口。例如，Fe 的掺杂可以降低 V 基催化剂 Hg^0 的氧化能垒，进而提高催化剂的氧化能力，这是因为催化剂表面的 V 原子被 Fe 原子取代后会形成氧化性的氧负离子（O^-）。

V 基催化剂的工作温度窗口通常在 300～400℃内，即 SCR 装置必须安装在除尘装置 ESP/FF 上游，这使得催化剂极易暴露在高浓度的灰尘、SO_2 等有毒气氛下，导致 SCR 催化剂中毒，催化剂寿命缩短。为解决这一问题，学者们近年来致力于高活性低温 SCR 催化剂的开发，其中典型的低温催化剂包括 Mn 基催化剂、Ce 基催化剂等。

在众多的 Mn 氧化物中，MnO_2 具有极高的反应活性，因此，MnO_2 通常被作为 SCR 催化剂的活性组分。其中，MnO_2（１１０）表面是最具稳定及催化活性最高的表面。Hg^0 和 MnO_2（１１０）表面的相互作用与 Hg 原子和 O_{br} 原子的轨道杂化密切相关。MnO_2（１１０）表面 HCl 对 Hg^0 的氧化过程如图 8-3 所示，包括两条反应路径：①$Hg^0 \rightarrow HgCl_2$；②$Hg^0 \rightarrow HgCl \rightarrow HgCl_2$。由于两步反应的能垒较低，$MnO_2$（１１０）表面 HCl 对 Hg^0 的氧化路径主要为 $Hg^0 \rightarrow HgCl \rightarrow HgCl_2$，速率决定步为 $HgCl \rightarrow HgCl_2$。

在无 HCl 的情况下，Hg^0 会被 Mn 基催化剂表面的氧物种催化氧化（气相 O_2 分子、化学吸附氧及晶格氧）。气相 O_2 分子会以平行或垂直的方式吸附于 MnO_2 表面，不同氧物种对 Hg^0 表现出不同的氧化活性。垂直吸附的 O_2 分子由于具有相对较低的能垒，是最活跃的氧物种[144]。O_2 作用下，Hg^0 的氧化分为三步：①$Hg^0 \rightarrow Hg$（ads）；②Hg（ads）$\rightarrow HgO$（ads）；③HgO（ads）$\rightarrow HgO$。HgO 的解吸附是 Hg^0 氧化的速率决定步。与汞-氧反应相比，汞-氯的反应更有利于 Hg^0 的氧化。

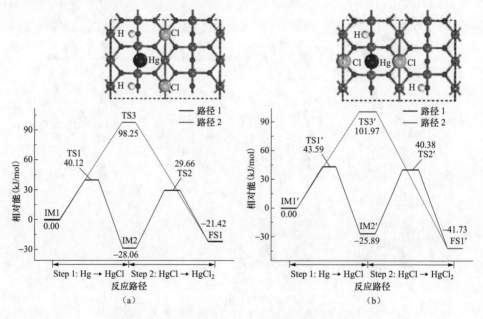

图 8-3　Hg^0 在 MnO_2（１１０）表面的氧化过程[144]

（a）IM1；（b）IM1′

考虑 HCl 时，氯化的 CeO_2 表面可以稳定存在于燃煤烟气中。Hg^0 在 CeO_2（１１１）

表面的吸附主要为物理吸附，而 HCl 在 CeO$_2$（1 1 1）表面的吸附则主要为化学吸附。CeO$_2$ 表面 HCl 氧化 Hg^0 的氧化同样遵循 Eley-Rideal 机理[75]，主要的反应路径为 Hg^0→HgCl→HgCl$_2$，如图 8-4 所示，HgCl→HgCl$_2$ 为速率决定步。

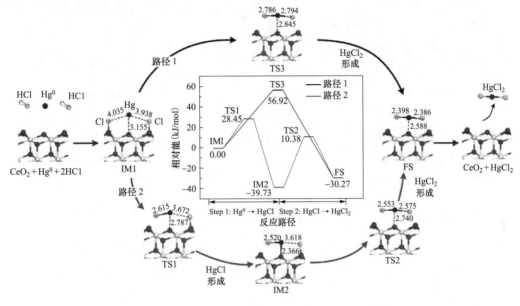

图 8-4　Hg^0 在 CeO$_2$（1 1 1）表面的氧化过程[75]

不考虑 HCl 时，Ce 基催化剂表面的氧物种同样对 Hg^0 的氧化起着重要作用，遵循 Mars-Maessen 机理[145]。HgO 的形成能（20.70kJ/mol）低于 HgCl$_2$ 的形成能（−163.81kJ/mol），然而，HgO 的吸附能则远高于 HgCl$_2$ 的吸附能（−46.55kJ/mol）。因此，HgO 从 CeO$_2$ 表面的解吸附极其困难。催化剂表面附着的 HgO 会堵塞催化剂孔道，从而减缓反应进程。

第三节　吸附剂汞脱除机理

采用吸附剂脱除燃煤烟气中的汞可以降低发生汞二次污染的风险，汞脱除效率高。此外，可以通过吸附剂再生过程将汞富集资源化。因此，开发经济、高效、汞吸附容量大的脱汞吸附剂是众多学者追求的目标。

飞灰是煤燃烧过程中的副产物，可用于汞的脱除。活性炭（AC）是飞灰的主要成分，对汞有着良好的吸附作用。AC 表面典型结构分为锯齿型和扶手型，缺陷炭表面由完整表面演化所得，包括单缺陷、双缺陷及三缺陷。图 8-5 和图 8-6 分别列出了 Hg^0 在 AC 表面稳定吸附构型及吸附能。

可以得出，无论是锯齿型还是扶手型炭表面，缺陷表面的化学性质总是优于完整表面。与完整表面相比，Hg^0 在缺陷表面的吸附会释放更多能量（锯齿型为−44.6kJ/mol，扶手型为−48kJ/mol）。此外，计算发现，空位是炭表面汞化学吸附的有效吸附位点。只有一部分氧官能团会促进 Hg^0 的化学吸附，这是因为 O 原子也会作为活性位点与 Hg^0 反应，其余官能团也会对 Hg^0 表现出物理吸附作用。

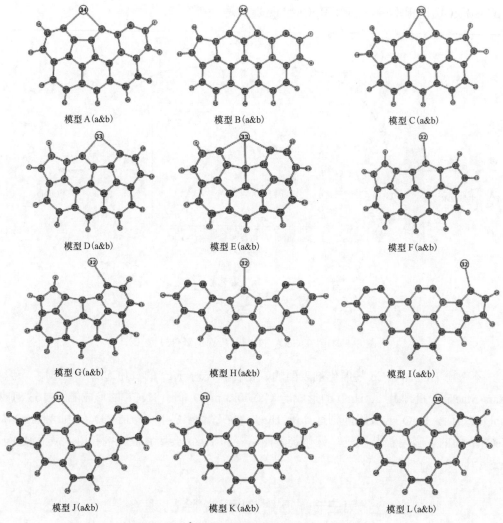

模型 A(a&b)　　　　　　模型 B(a&b)　　　　　　模型 C(a&b)

模型 D(a&b)　　　　　　模型 E(a&b)　　　　　　模型 F(a&b)

模型 G(a&b)　　　　　　模型 H(a&b)　　　　　　模型 I(a&b)

模型 J(a&b)　　　　　　模型 K(a&b)　　　　　　模型 L(a&b)

图 8-5　Hg^0 在活性炭表面的稳定吸附构型[146]

在活性炭上进行金属的负载可以提高其汞脱除能力，Hg^0 在负载金属（Fe、Co、Ni、Cu 及 Zn）表面的吸附主要为物理吸附，而 HgCl 和 $HgCl_2$ 的吸附则主要为化学吸附。HgCl 和 $HgCl_2$ 在负载金属活性炭表面的存在形态主要为解离态或原子态。Cl_2 存在时，Hg^0 在 Fe/AC 表面被氧化为 $HgCl_2$ 分子，在 Ni/AC、Cu/AC 和 Zn/AC 表面主要以解离吸附的 $HgCl_2$ 为主，而在 Co/AC 表面既存在 $HgCl_2$ 分子，又存在解离吸附的 $HgCl_2$。此外，动力学计算结果表明，Hg^0 在 Fe/AC 表面的氧化能垒最低，说明 Fe 负载的活性炭催化剂是一种良好的 Hg^0 氧化多相催化剂[147]。

由于硫元素具有高亲和力，FeS_2 也已成为一种低成本的吸附材料，研究表明，FeS_2 对重金属具有良好的吸附活性。图 8-7 为 Hg^0 在 FeS_2 表面的非均相反应过程，DFT 计算结果表明 Hg^0 在 FeS_2（100）表面和 FeS_2（110）表面的吸附主要为物理吸附和化学吸附，

Hg 原子与 FeS_2（１１０）表面的 Fe 原子通过原子轨道杂化、重叠相互作用。HgS 化学吸附于 FeS_2（１００）表面和 FeS_2（１１０）表面，S 原子和 HgS 分子周围电荷的累积是 HgS 与 FeS_2 表面相互作用的主要原因。气相 HgS 的形成包括三个过程：$Hg^0 \rightarrow$ Hg（ads）$\rightarrow$ HgS（ads）$\rightarrow$ HgS。在第二步中，吸附态 Hg^0 与 S^{2-} 反应能垒约为 17kJ/mol。第三步为吸热过程，需克服 414.60kJ/mol 能量解吸附 HgS，是反应的速率决定步。

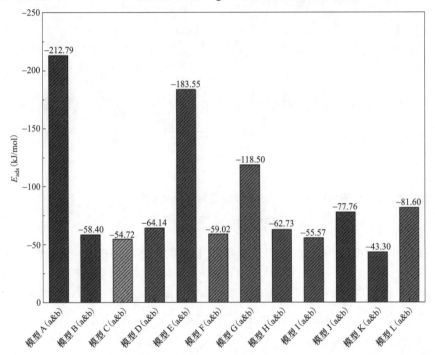

图 8-6　Hg^0 在活性炭表面的吸附能[146]

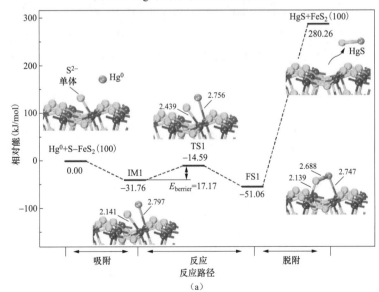

图 8-7　Hg^0 在 FeS_2 表面的非均相反应过程[148]（一）

（a）FeS_2（１００）表面

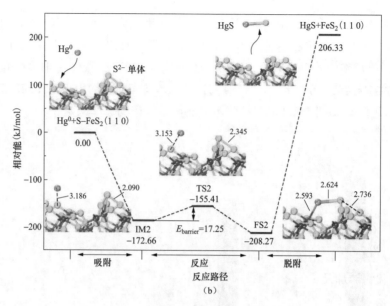

图 8-7　Hg⁰ 在 FeS₂ 表面的非均相反应过程[148]（二）

（b）FeS₂（1 1 0）表面

除 FeS_2 外，Fe_3O_4 对汞也表现出了较强的脱除能力，Mn 的掺杂可进一步促进汞的脱除。另外，Mn-Fe 尖晶石也具有低成本、可循环利用且无二次污染等优点。通过对 Hg^0、HgCl、$HgCl_2$ 在 Fe_3O_4（1 1 1）表面的 DFT 计算发现，Hg^0 在（1 1 1）表面主要为物理吸附（−32.5kJ/mol），吸附较弱，而 HgCl、$HgCl_2$ 在该表面的吸附则主要为化学吸附（−316.8kJ/ mol、−306.7kJ/mol）。Mn 的掺杂促进了 Fe_3O_4（1 1 1）表面汞的吸附，对应吸附能分别为−42.4kJ/mol、−363.1kJ/mol 和−371.2kJ/mol。

杨应举[149]关于 $MnFe_2O_4$ 脱除汞的 DFT 计算发现，Fe 终端和 Mn 终端 $MnFe_2O_4$（1 0 0）表面上 Hg^0 的吸附分别属于物理吸附和化学吸附，Mn 终端表面更有利于 Hg^0 的吸附和氧化。HgO 在 $MnFe_2O_4$ 表面上的吸附属于化学吸附，$MnFe_2O_4$ 表面上的 Hg/O 反应是一个两步过程，HgO 形成步骤是 Hg/O 反应的速控步骤。HCl 在 $MnFe_2O_4$ 表面上发生分解吸附，通过增强相邻原子的活性从而促进 Hg^0 在 $MnFe_2O_4$ 表面上的吸附。HgCl 能够稳定存在于 $MnFe_2O_4$ 表面上，$HgCl_2$ 在 $MnFe_2O_4$ 表面上发生解离吸附。$MnFe_2O_4$ 表面上 Hg/Cl 反应主要以两步反应路径进行：$Hg^0{\rightarrow}HgCl{\rightarrow}HgCl_2$。其中，$Hg^0{\rightarrow}HgCl$ 是整个反应的速率控制步。

碱金属氧化物和氯化物同样对汞具有脱除性能。DFT 分析结果表明，Hg^0 在 CaO（0 0 1）、MgO（0 0 1）、KCl（0 0 1）和 NaCl（0 0 1）表面的吸附为物理吸附，而 $HgCl_2$ 则主要为化学吸附，O 顶位和 Cl 顶位为 $HgCl_2$ 的吸附活性位点。$HgCl_2$ 在 CaO（0 0 1）和 KCl（0 0 1）表面的吸附更加稳定，对应其较高的吸附能及共价键特性。这四种碱金属基吸附剂的 Lewis 酸碱度遵循：NaCl<MgO<KCl<CaO。较高 Lewis 酸碱度说明其对 $HgCl_2$ 具有较强的吸附选择性。此外，碱金属基吸附剂的电负性越低，Lewis 酸碱度越高[150]。

第九章

燃煤烟气汞的技术研发

第一节　溴化钙添加及 FGD 协同脱汞原理与实验

一、溴化钙添加及 FGD 协同脱汞原理

湿法脱硫装置（WFGD）可以达到一定的除汞目的，烟气通过 WFGD 后，总汞的脱除率在 $10\%\sim80\%$ 范围内，Hg^{2+} 的去除率可以达到 $80\%\sim95\%$，不溶性的气态单质 Hg^0 去除率几乎为 0，气态单质 Hg^0 的去除始终是烟气中汞污染控制的难点。湿法脱硫装置对氧化态汞的处理效果虽然较好，但对单质汞的处理不理想，如果利用氧化剂使烟气中的 Hg^0 转化为 Hg^{2+}，WFGD 的除汞效率就会大大提高。

利用氧化剂使烟气中的 Hg^0 转化为 Hg^{2+}，当烟气中的汞以 Hg^{2+} 为主时，WFGD 系统是通过液态的浆液对烟气中汞的吸收来脱汞的，通过废液和石膏，将捕集的汞排出脱硫系统，从而达到减少汞大气排放的目的。但是，汞在脱硫塔内的存在形式和变化非常复杂，众多因素会产生影响。比如，溶液汽雾挥发、硫含量、pH 值及 O_2 含量、HSO^{3-}、$SO3^{2-}$ 及 S^{2-} 的浓度对 Hg^{2+} 和 Hg^0 的平衡会有重要影响，所以最终的脱汞效果要综合考虑脱硫塔的运行情况。

$$HSO^{3-} + H_2O + Hg^{2+} \longrightarrow SO_4^{2-} + 3H^+ + Hg^0(g)$$

$$HS^- + Hg^{2+} \longrightarrow HgS\downarrow + H^+$$

$$Hg^{2+} + SO_3^{2-} \longrightarrow HgSO_3$$

$$HgSO_3 + H_2O \longrightarrow Hg^0 + SO_4^{2-} + 2H^+$$

实际燃煤烟气中汞主要以 Hg^0 存在，研究如何提高烟气中的 Hg^0 转化为 Hg^{2+} 的转化率，是目前利用 WFGD 脱汞的重点。利用强氧化性且具有相对较高蒸气压的添加剂加入烟气中，使得几乎所有的单质汞都与之发生反应，形成易溶于水的二价汞化合物，提高了烟气中 Hg^{2+} 比例，脱硫设施的除汞率明显地提高。

本次实验喷入溴化钙会使大部分的元素态汞转化为氧化态汞，发生的化学反应为

$$2CaBr_2 + O_2 == 2CaO + 2Br_2$$

$$Br_2 + Hg == HgBr_2$$

溴在反应中起到了氧化剂的作用，产生了溶于水的溴化汞。

通过对国外的脱汞研究成果的了解，必须说明的一点，烟气中的 Hg^{2+} 溶于浆液后，水溶性的硫酸根、硫酸氢根和金属离子对于汞离子有还原作用，使一小部分汞离子被还原为元素态的汞，进而导致在 WFGD 出口元素态的汞有所升高，但这种氧化态汞的还原作用并不是在所有情况下都发生。其中，少于 20% 的 Hg^{2+} 被还原成元素态汞，从而造成在 WFGD 出口烟气中有 $300\sim600ng/m^3$ 的元素汞的增加。虽然这种还原转化的汞量并不多，但是这种还原效应仍被视为将来 WFGD 作为多污染控制装置的潜在障碍，在此次试验中我们对此现象有了全新的认识。

二、溴化钙添加及 FGD 协同脱汞实验

实验机组：三河电厂 4 号机，示范时间：7 天。

溴化钙添加技术：在给煤机下落管给煤皮带上滴加 52% 溴化钙饱和溶液 $2\sim65L/h$。测试期间，煤源稳定，负荷稳定。

额外汞测量点：ESP 入口，ESP 出口，FGD 出口。

汞测量方法：美国 EPA30B 方法、OH 法和 Hg CEMS。

1. 机组基本数据

在本实验设定的稳定的高负荷（290MW）和不加溴化钙的情况下，使用 30B 法对除尘前后和脱硫后的气态汞浓度进行同时测定，结果如图 9-1 所示。对照 CEMS 的数值，脱硫后 30B 的值与 CEMS 的监测值吻合较好。

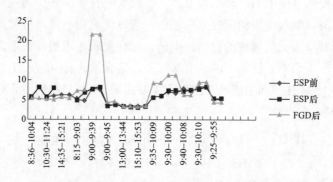

图 9-1　不添加溴化钙情况下，4 号机组汞排放基线测量结果（2012 年 7 月）

2. 添加不同浓度溴化钙情况下的烟气汞排放浓度

添加溴化钙以尽可能地将元素汞转化为二价汞，理论上可以通过现有的环保设施协同减少烟气汞排放，但实际的脱汞效果需要进行验证。为此，我们在燃煤中添加了不同浓度的溴化钙，在 FGD 后用 CEMS 系统和 30B 法对烟气汞浓度进行测定，结果如下：

（1）溴煤比 20ppm。图 9-2 是根据添加 $CaBr_2$ 时段与同期 CEMS 的监测数据绘制的 $CaBr_2$ 脱汞效果图。由图可知，添加 $CaBr_2$ 溶液（溴煤比 20ppm）以后，CEMS 显示汞的平均排放浓度从此前的 $4.73\mu g/m^3$ 下降为 $3.76\mu g/m^3$。图 9-3 的 30B 法测量结果显示烟气汞的浓度从未添加溴化钙的 $6.20\mu g/m^3$ 下降至 $4.72\mu g/m^3$。

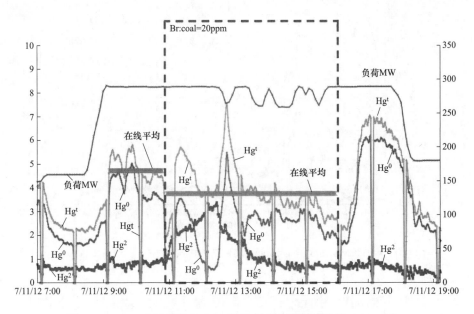

图 9-2 CEMS 在线测定 20ppm 溴化钙的协同脱汞效果（FGD 后）

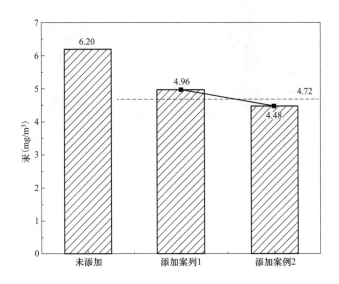

图 9-3 30B 法测定 20ppm 溴化钙的协同脱汞效果（FGD 后）

（2）溴煤比 50ppm。图 9-4 显示，在添加 $CaBr_2$ 溶液（溴煤比 50ppm）以后，CEMS 显示汞的平均排放浓度从此前的 $6.91\mu g/m^3$ 下降为 $4.65\mu g/m^3$。图 9-5 的 30B 法测量结果显示烟气汞的浓度从未添加溴化钙的 $7.23\mu g/m^3$ 下降至 $5.12\mu g/m^3$。

（3）溴煤比 100ppm。图 9-6 显示，在添加 $CaBr_2$ 溶液（溴煤比 100ppm）以后，CEMS 显示汞的平均排放浓度从此前的 $6.19\mu g/m^3$ 下降为 $2.87\mu g/m^3$。图 9-7 的 30B 法测量结果显示烟气汞的浓度从未添加溴化钙的 $9.20\mu g/m^3$ 下降至 $3.13\mu g/m^3$。

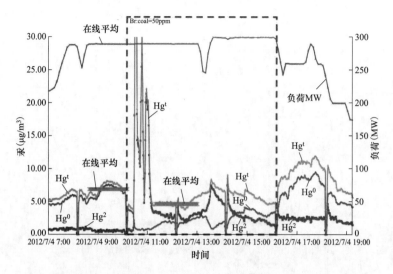

图 9-4　CEMS 在线测定 50ppm 溴化钙的协同脱汞效果（FGD 后）

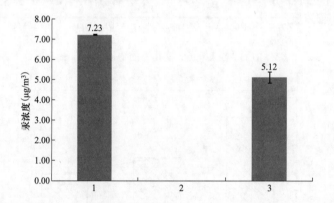

图 9-5　30B 法测定 50ppm 溴化钙的协同脱汞效果（FGD 后。左：未添加；右：添加）

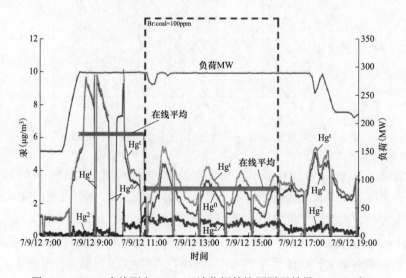

图 9-6　CEMS 在线测定 100ppm 溴化钙的协同脱汞效果（FGD 后）

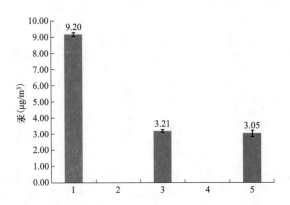

图 9-7　30B 法测定 100ppm 溴化钙的协同脱汞效果（FGD 后。左：未添加；中、右：添加）

（4）溴煤比 200ppm。图 9-8 显示，在添加 CaBr$_2$ 溶液（溴煤比 200ppm）以后，CEMS 显示汞的平均排放浓度从此前的 10.00μg/m^3 下降为 9.09μg/m^3。图 9-9 的 30B 法测量结果显示烟气汞的浓度从未添加溴化钙的 7.27μg/m^3 下降至 5.02μg/m^3。

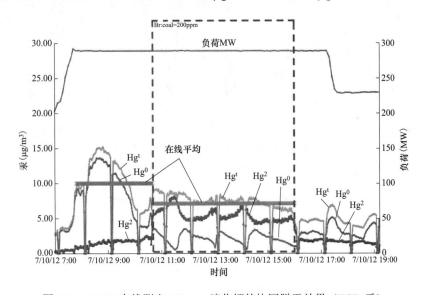

图 9-8　CEMS 在线测定 200ppm 溴化钙的协同脱汞效果（FGD 后）

3. 烟气汞形态变化

通过在燃煤中添加一定量的溴化钙增加烟气中二价汞的比例是本次脱汞试验的关键和依据。本项目使用 OH 法在静电除尘器入口对烟气的汞形态进行了测量（见图 9-10），发现未添加溴化钙时，二价汞占总汞的 35%±6%；添加溴化钙以后，二价汞占总汞的份额提高到 85%～100%，平均为 93%。本次试验还发现，加入 20ppm 的溴化钙已经能使二价汞的份额显著提高，所以今后有必要开展更低浓度的溴化钙添加试验，以便更深入的了解溴化钙添加量与汞形态的关系。

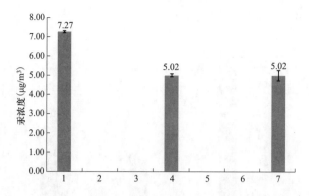

图 9-9　30B 法测定 200ppm 溴化钙的协同脱汞效果（FGD 后。左：未添加；中、右：添加）

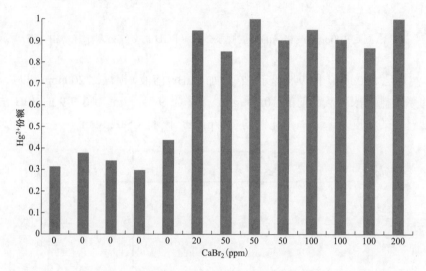

图 9-10　燃煤中添加溴化钙对汞的氧化效果

第二节　吸附脱汞技术原理与应用

一、吸附脱汞技术研究现状

对于脱汞技术的应用特点，其主要是根据煤粉燃烧的过程以及烟气排放过程中，根据不同温度下汞的形态进行干预脱除，其具体的脱除位置如图 9-11 所示。

1. 吸附脱汞技术特点

吸附脱汞技术是目前最成熟的一种烟气脱汞技术，其原理是利用化学和物理吸附结合的方式，将 Hg^0 转化为较易去除的 Hg^p 和 Hg^{2+}，再利用现有的设备进行脱除[151]。其重要特点在于对汞的直接吸附性，而这一特点通过不同的吸附剂特性表现。不同的吸附剂具有不同的物理和化学性质，决定了各自特点及脱汞原理有所差异。碳基吸附剂脱汞是利用活性炭等具有的较高比表面的特点经过物理和化学吸附两个过程直接对汞吸附，任建莉等[152]对载银活性炭纤维展开研究，其结论为活性炭纤维负载银后提高了对汞的吸附容量。飞灰是煤粉燃烧后的产物，元素态 Hg^0 可以被其含有的金属化合物氧化为较

易脱除的 Hg^{2+}，之后其含有的未燃尽碳可以将 Hg^{2+} 吸附吸收。Pd、Pt、Au 和 Ag 等贵金属元素具有很好的吸附脱汞能力，其吸附脱汞是利用贵金属与汞形成合金的方式脱汞。矿物类吸附剂脱汞首先是将 Hg^0 吸附，然后再由矿物类吸附剂自身或其修饰成分将汞氧化脱除[153]。钙基吸附剂对单质汞的脱除能力有限，但对 Hg^{2+} 吸附效果良好，其脱汞原理为对汞直接吸附后进行氧化脱除。各吸附剂特点与脱汞原理见表 9-1。

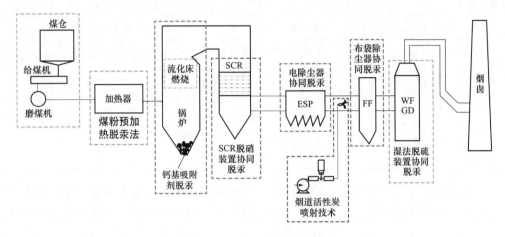

图 9-11　火电机组系统图

表 9-1 各吸附剂特点与脱汞原理

吸附剂	特点	脱汞原理
碳基吸附剂脱汞	碳基吸附剂有丰富的孔结构且比表面积较高	对汞进行直接吸附
飞灰吸附剂脱汞	吸附剂颗粒粒径小，孔隙结构发达	其含有的金属化合物可以将元素态 Hg^0 氧化为 Hg^{2+}，含有的未燃尽碳可以将 Hg^{2+} 吸附吸收
金属类吸附剂	贵金属元素如 Pd、Pt、Au 和 Ag 等对汞都有很好的吸附能力	利用金属与汞发生反应形成合金等的作用机理来进行脱汞
矿物类吸附剂	原料来源广泛、价格便宜，经改性后具有较好的烟气脱汞能力	由吸附剂将 Hg^0 吸附，然后再由其修饰成分或矿物类吸附剂自身将汞氧化脱除[9]
钙基吸附剂	价格低、易得，对 Hg^{2+} 吸附效果好，但对单质汞吸附效果不佳	直接吸附后氧化脱除

2. 吸附脱汞技术的应用

随着汞污染的加剧，近年来国内外聚焦于脱汞技术这一课题，国内外学者也对此进行了很多实验室研究以及实地工厂应用研究，实验室研究为脱汞技术在工厂中的应用提供了理论基础，而脱汞技术在工厂中的应用以及实践效果则为进一步对脱汞技术进行创新和提高脱汞效率提供方向。

在实验室研究中，研究者对各类吸附剂进行改性，并测试其在不同条件下的脱汞效率，探究其脱汞效率超过 90% 的条件。实验室脱汞具体条件以及效率详见表 9-2。

表 9-2 实验室脱汞条件及效率

研究者以及内容	条件	脱汞效率	参考文献
陶信：Ce 改性 Fe-Mn 磁性吸附剂脱汞特性	再生温度 500℃、$Fe_6Mn_{0.8}Ce_{0.2}O_y$ 吸附剂	经过六次再生循环，脱汞率均在 95% 以上	[154]
吴涛等：高分子材料 DBA 用于聚氯乙烯工业脱汞	汞初始质量浓度为 $250\mu g/m^3$	96% 以上	[155]
孟佳琳：H_2S 改性 Fe_2O_3 吸附剂	磁性 H_2S/Fe_2O_3 吸附剂	平均脱汞效率 89.9%	[156]
刘欢：改性矿物吸附剂脱汞及其反应机理	$CuBr_2$ 改性的煤系黏土岩夹矸、干模拟烟气	平均脱除率 92.1%	[157]
高晓霞：水泥窑高温烟气对选金废渣的预处理脱汞过程	PH=9	97.64%	[158]
马威：根据固定床反应器、吸附动力学模型和热力学模型分析 CoO_x-Fe_2O_3 改性 ZSM-5 分子筛的脱汞效率	CoO_x 与 Fe_2O_3 之间存在着协同作用、温度 120℃	98.17%	[159]

　　针对脱汞技术的实际应用，王晓焕等[160]对氯碱工业含汞废水深度处理中高效吸附脱汞材料的应用效果展开了连续 6 个月的试运行和考察，结果表明，该高效脱汞吸附材料对低浓度含汞废水的脱除效果好，经处理后出水汞浓度能够稳定在 5μg/L 以下；蒋丛进等[161]在国华三河电厂进行了现场实验，根据实验结果可知在现有环保设施联合脱汞基础上，利用飞灰基改性吸附剂喷射技术，综合脱汞效率可达到 75%～90%。综合可知，在工业应用中脱汞效率良好。

　　3. 吸附脱汞技术优势与瓶颈

　　吸附脱汞作为国内外除汞效率较高且应用比较广泛的脱汞技术，具有它独特的优势。其相较于其他脱汞技术来说，工艺相对简单，且成本较低，但与此同时吸附脱汞技术在一定程度上遇到了阻碍，从成本方面来看，活性炭吸附剂成本高且存在二次污染问题，还增加了后续除尘装置的处理负担；从技术方面看，目前的吸附剂脱汞技术仍不成熟，吸附剂达到饱和后需要进行二次处理[45]，因此仍需对吸附脱汞吸附剂进行创新和研究以此来打破瓶颈，不同吸附脱汞技术具体优势与瓶颈详见表 9-3。

表 9-3 各吸附脱汞技术优势与瓶颈

吸附脱汞技术	优　势	瓶　颈
碳基吸附剂脱汞	吸附容量大且吸附速度快，脱汞性能优异	吸附剂成本高；吸附剂都存在饱和点，饱和后需进行更换和二次处理，若不更换会导致二次污染问题；运行成本高；技术仍不成熟
飞灰吸附剂脱汞	具有丰富的孔隙结构，富含多种能够催化氧化吸附汞的金属化合物和矿物成分，且改性后的飞灰对汞的脱除率可提高 74.34%[45]	
金属吸附剂脱汞	可以在较高温度下实现汞的脱除，且金属在吸附汞后易再生，可实现汞的回收利用，无二次污染[162]	
矿物类吸附剂脱汞	矿物类吸附剂具有价格低、储量丰富、比表面积大进而导致其吸附能力强以及对环境友好	
钙基吸附剂脱汞	价格低、易于获得，且其对 Hg^{2+} 的吸附效率可高达 85%	

二、现有脱汞技术的研究方法

1. 实验室的研究

吸附脱汞是燃烧后，利于吸附剂吸收或吸附烟气中气态汞的脱汞方法，是科研工作者关注的热点。对于脱汞吸附剂的研究方向已从传统活性炭向更加高效廉价的其他种类吸附剂发展，包括矿石类吸附剂、飞灰类吸附剂、金属类吸附剂、金属氧化物类吸附剂等。

（1）矿物的改性处理。矿物的改性技术的机理为，通过对天然矿物的结构进行改变，或者用改性物质（有机物以及含卤素物质、金属氧化物等无机物）与载体进行相互选择，使其具有较大的比表面积、较多的活性吸附位点等有利于吸附的理化性质。如层（链）状硅铝酸盐黏土矿物可以通过结构改性使硅氧键断裂，构建易于与吸附物质形成共价键的结构条件来提高吸附性能。

郑州丽福爱生物技术有限公司按照原料的重量份进行合成：将赤玉土和硼砂混合后，加水杨酸，在密闭的条件下搅拌，滴入香叶醇，冷却后超声处理，微波处理，搅拌至干燥，高温煅烧，得到吸附剂[163]。刘芳芳等[164]用金属氧化物改性矿石类吸附剂凹凸棒石，烟气中的单质汞的脱除效率由原来的 12.2% 提高到 80% 以上，并且在 4% 的 O_2 和 1.0×10^{-5} 的 HCl 的促进作用下，平均脱汞效率可提高到 90% 以上。何川等[165]研究了没有 HCl 的烟气氛围下，以柱撑黏土材料为基体合成的 Ce-Mn/Ti-PILC 的汞捕获率，其具有大比表面积的优势，在 100~350℃ 下脱除效率可达 90% 以上，脱汞反应如图 9-12 所示。

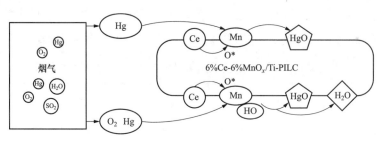

图 9-12　6%Ce-6% MnO_x/Ti-PILC 脱汞机理示意图

（2）飞灰的改性处理。飞灰的汞氧化和吸附能力主要受烟气中某些金属氧化物和岩相组分影响，可以通过化学改性处理提高汞捕获性能。Zhang 等[166]研究结果表明 HBr 改性飞灰表现出较好的吸附能力，吸附性能改进归因于物理和化学吸附。Gu 等[167]通过浸渍和离子交换、机械化学方法评估了运用 NH_4Br 改性的飞灰对 Hg^0 的吸附能力，研究发现机械化学方法的处理过程，溴的损失最少。

（3）催化剂辅助金属材料及金属氧化物吸附剂的合成。贵金属吸附剂如 Pd、Au、Pt 和 Ag 等具有优异的脱汞性能和稳定性[168]，通过催化剂后，可以将 Hg^0 氧化，使其浓度降至 $1\mu g/m^3$。但由于成本问题，无法做到大规模应用。目前，贵金属吸附剂研究新方向是通过应用前沿的纳米材料制备技术降低成本，合成低负载量甚至单原子贵金属材料吸附剂。

　　金属氧化物吸附剂可以充分利用晶格氧和表面吸附氧实现对汞的氧化和吸附。铈基催化剂具有较强的储释氧及氧化还原能力，能够起到催化烟气中汞进行氧化反应的作用。Li 等[169] 在 $3.0×10^{-4}NO$ 和 $1.2×10^{-3}SO_2$ 的模拟烟气氛围中，采用浸渍法制备的 CeO_2/TiO_2 催化剂对汞的氧化和吸附效率可高达 90%。但是普遍抗硫性能较弱，可能会受到烟气中 SO_2 的影响。

　　2. 量子化学微观模拟研究

　　量子化学研究可以从理论角度出发寻求合理的汞与吸附剂的微观反应机理，能够很好地计算出分子结构、相对能量、反应机制等方面的预测，为相应的实验结果提供原因。在实际的吸附脱汞过程中，考虑到改性处理、烟气成分等因素影响，往往不是单一的吸附过程，包括复杂的物理吸附过程和化学吸附过[170]。

　　对于炭基类吸附剂吸附汞的量子化学研究，陈俊杰等[171] 构建了四碳环模型结构，采用量子化学 B3LYP 方法研究了汞在活性炭纤维表面的微观吸附机理，发现与单纯的活性炭纤维相比，羰基、内酯与羧基官能团对单质汞的吸附有促进作用，并且倾向于化学吸附，而酚羟基官能团对汞吸附不起促进作用；刘晶等[172] 运用密度泛函理论的 B3PW91/RCEP28DVZ 方法与基组，进行了复杂结构的吸附能，原子电荷等方面的计算。结果表明，在碳质表面上对 HgBr 的吸附属于化学吸附，电荷的转移溴能够促进汞吸附，首选的 HgBr 吸附模式是汞在溴下端的模式。

　　对于非炭基类吸附剂吸附汞的量子化学研究，郭欣等[173] 构建 Ca_9O_9 原子簇模型，从理论上采用 B3LYP 方法研究了 Hg^0 和 $HgCl_2$ 在 CaO 表面的吸附机理，结果表明单质汞只能与氧原子配位，汞垂直底物表面吸附属于较弱的物理吸附；氯化汞的吸附相比单质汞更加复杂，氯化汞平行底物吸附属于化学吸附。详见表 9-4。

表 9-4　　簇模型 CaO（0 0 1）面上吸附 Hg^0 与 $HgCl_2$ 的计算模型与结果

吸附模式	吸附模型	Ea（kJ/mol）
汞端垂直吸附在氧原子表面		19.649
氯化汞分子以平行方式接近 CaO 表面，汞原子吸附在氧化钙表面的氧原子上		87.829

赵鹏飞等[174]利用密度泛函理论，采用 $Ca_{13}O_{13}Ca\times16$ 壳模型嵌入簇（SM）模型，在小型固定床试验台上进行了用 CaO 吸附脱除 Hg^0 的研究，选择 B3PW91 方法计算。结果表明，当无酸性气体时，CaO 对 Hg^0 属于吸附能力较弱的物理吸附；但当通入酸性气体时，吸附能力明显下降。

3. 工程示范类测试

在实验室研究的基础上，为了考察空气污染物控制装置协同脱汞和烟气喷射吸附剂脱汞这两种方法在燃煤电厂的真实脱汞能力，已有部分学者进行了脱汞现场试验。

空气污染物控制装置协同脱汞主要指利用除尘设施、脱硫及脱硝设施等控制烟气中汞排放的方法。烟气中亚微米级颗粒吸附了大量固相汞，这部分颗粒难以通过电除尘器捕集。赵毅等[106]通过调整某 660MW 超低排放燃煤电厂低低温省煤器烟气温度，发现低低温省煤器出口烟气温度为 90℃时，低低温电除尘器与低低温省煤器联合作用总汞脱除率最高为 84.4%。

而 SCR 脱硝装置可以协同脱汞，对汞氧化和吸附有促进作用。陈进生等[175]选用 300MW 燃煤锅炉烟气净化设施，研究了汞排放在 SCR 催化剂的作用下受到的影响，烟气中单质汞氧化率为 83.4%。

烟气喷射吸附剂脱汞是当前脱汞技术研究的热点。杜雯等[176]选取了一个 100MW 燃煤电厂对 $CuCl_2$ 改性 Al_2O_3 和 $CuCl_2$ 改性沸石进行了喷射脱汞性能测试，结果表明在吸附剂喷射量足够大的情况下，改性 Al_2O_3 与改性沸石的平均最高脱汞率约30%。

第五篇　工程示范与总结篇

第十章

工程应用效果示范

第一节　烟气汞排放特征测试

一、燃煤汞含量的测试方法

1. 样品收集及前处理

本项目对各电厂所使用煤样的采集点选取给煤机后的管道煤粉样品。由于煤样品中含的水分也会对汞含量分析造成一定影响，因此测试之前对煤样进行了干燥处理。为了避免干燥过程中的汞损失，煤样的干燥采取 50℃，$1.0×10^4$Pa 的低温减压干燥方法进行干燥，煤样经干燥恒重后进入下一步的分析。

2. 样品分析方法及原理

项目中煤样的分析采用俄罗斯鲁梅克斯公司生产的 RA-915M ZEEMAN MERCURY SPECTROMETER（见图 10-1）。该仪器利用汞原子蒸汽对 254nm 共振发射线的吸收来进行分析，通过塞曼效应进行背景校正，煤样分析采取热解法（符合美国 EPA 方法 7473），最终通过标准曲线法测定煤样中汞的含量。

图 10-1　鲁梅克斯 RA-915 汞分析仪

为保障样品测试结果的准确性，测试过程期间每个煤样品的分析都进行三次平行测定，取平均值；分析过程中每次对仪器进行调整后均对标准曲线进行重新绘制；测试过程中每测试一定数量样品后，对标准样品进行验证测试以验证所得数据的精确度。

二、烟气汞污染排放特征测试方法

本项目将对烟气中总汞（Hg^t）和分形态汞（Hg^0、Hg^{2+}）的浓度进行采集分析，使用的采样分析仪器及方法（见表 10-1），并对主要的采样、分析仪器进行简要的介绍。

表 10-1　　　　　　　　　　烟气汞的采样及分析方法

类别	采样、分析仪器	型号	采样、分析方法
总汞（Hg^t）	烟道气总汞采样仪	XC-260	EPA Method 30B
	汞含量分析仪	RA-915+	冷原子吸收光谱法（CVAAS）
分价态汞（Hg^0、Hg^{2+}）	烟道气分价态汞采样仪	XC-572	Ontario Hydro（OH 法）
	移动式汞污染源连续检测系统	Hg CEMS	冷原子荧光光谱法（CVAFS）
	汞浓度分析仪	F732	冷原子吸收光谱法（CVAAS）

1. 吸附管法（30B）

本方法是在采样管里装入能吸附气态汞的固体吸附剂（碘化活性炭）组成吸附管，将吸附管安装在采样枪的前端，直接放入烟道里面采集气体样。用适当的采样流速从烟气或者管道中采集已知体积的烟气，烟气通过成对的在烟道里面的吸附管。在烟道里面把汞收集到吸附剂上，当烟气经过采样探头或者采样线时，应使用缓和的气体流速以避免汞没有被完全吸附。每次测试，两根管都要分析以确定测试的精密性和测试数据的可接受性。

本方法为美国 EPA 方法 30B，优点是采样方便、样品量少，缺点是不能采集颗粒态汞和不能对气态汞分形态采集、仅仅能采集气态总汞。

本项目选用 Apex Instruments 公司按照美国 EPA 方法 30B 制造的烟气采汞仪 XC260，基本原理为：在加热（防止烟气冷凝水）采样枪前端安装一对吸附管（安装了汞吸附剂的采样管），使用适当的流速采集烟气。烟气首先经过吸附管，再依次经过冷凝瓶和干燥剂，进入气体流量计得出采样干烟气体积。分析吸附管中采集的气态汞量，除以干烟气体积即为烟气中气态汞浓度。

XC260 是双管路系统，每根吸附管对应单独的一套管路。能单独各自的调节采样流速，最大到 45L/min；显示各自的总采样时间和总采样体积。温度传感器是共用的，其中包含烟气温度、采样枪温度、环境温度和气体流量计入口处温度。如果烟气温度过低，必须加热烟枪到 105℃左右以防止水冷凝。

2. OH 法

OH 法是湿化学法中较为成熟的方法，可以测量烟气中的颗粒态、氧化态、元素态和总汞的含量。本试验 30B 法选择的是 ApexInstruments 公司的 XC-572 烟气采汞仪（见图 10-2）。烟气采汞仪 XC-572 是单管路系统，能够根据需要调节采样流速，并配有体积流量计和计时系统。温度传感器包含烟气温度、采样枪温度、环境温度和气体流量计入口处温度。

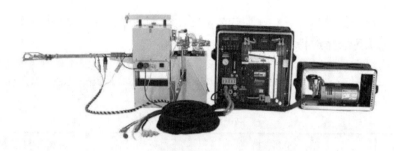

图 10-2　XC-572 烟气采汞仪实体图

OH 法利用等速采样方法对烟气汞进行采集，烟气流通过取样器和过滤系统（保持 120℃或烟气的温度，温度取决于二者中更高者），接着烟气流依次通过 8 个置于冰浴中的吸收瓶，烟气中分形态汞分别被吸收瓶中的溶液吸收，从而获得样品。吸收系统由 8 个吸收瓶和若干密封的毛玻璃连接管件构成。第一、第二和第三个吸收瓶盛有氯化钾水溶液（KCl）吸收 Hg^{2+}；第四个吸收瓶盛有硝酸（HNO_3）和过氧化氢水溶液（H_2O_2）确保 Hg^{2+}吸收完全并排除二氧化硫的干扰；第五、第六和第七个吸收瓶盛有高锰酸钾（$KMnO_4$）和硫酸水溶液（H_2SO_4）对 Hg^0氧化后吸收（如果三个装有 $H_2SO_4/KMnO_4$ 溶液中有两个溶液颜色褪去，则应立刻停止采样，该组测试样品失效）；最后一个吸收瓶装有变色硅胶吸收残留水分（如果硅胶大部分变色，则需要更换硅胶）。

3. 烟气汞在线监测

在线监测相对于手动监测具有高灵敏度，无需化学试剂和样品前处理等优点，同时其得到的数据具有连续性和时间分辨率高的特点。

本项目采用 Thermo-FisherHg CEMS（见图 10-3）作为汞在线监测设备。Thermo-Fisher 烟气汞排放在线监测仪（Hg CEMS）以美国 EPA 方法 30A 为设计标准，可实时在线连续监测烟气中的分形态汞（Hg^0、Hg^{2+}）和总汞（Hg^t）。该系统采用稀释法采样原理，主要由烟气采样系统、烟气加热与传输系统、汞形态转化系统和汞检测与标定系统四部分组成。进入系统的烟气分成两路，监测系统采用冷原子荧光光谱法（CVAFS）分别测

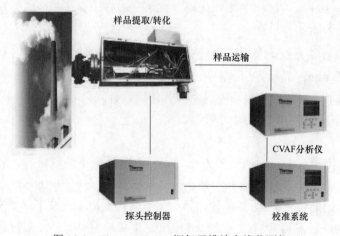

样品提取/转化

样品运输

CVAF分析仪

探头控制器

校准系统

图 10-3　Thermo-Fisher 烟气汞排放在线监测仪

量 Hg^0 和 Hg^t 的含量,而烟气中 Hg^{2+} 的含量为 Hg^t 与 Hg^0 的差值。该系统具有高灵敏度、惰性过滤和直接测量(无需汞富集)等特点。

第二节 大型燃煤电厂烟气汞排放特征调研

一、三河电厂烟气汞排放特征测试

1. 三河电厂环保及运行情况简介

三河发电厂建厂以来对环境保护高度重视,采用烟气脱硫、脱氮并采用烟塔合一技术,利用经过处理的城市污水处理厂的中水作为供水水源,按照绿色环保电站进行建设,是我国典型的燃煤大气汞排放源。面对国际日益严重的汞污染问题和本厂特殊的地理位置,三河发电厂率先开展了大气汞污染特征的测试,先后选择本厂2、3号和4号机组,分别对除尘器前后、脱硫前后烟气中气态汞的浓度进行了测试,特别在4号机组现场开展了燃煤中添加 $CaBr_2$ 的协同脱汞效应实验及活性炭喷射脱汞实验。同时,采集煤、灰、渣、脱硫石膏等样品,分析其中的汞含量,对整个生产工艺流程进行汞的质量平衡,综合实测数据得出本厂汞排放特征和排放水平以及除尘、脱硫等现有大气污染控制措施的汞脱除效益,这将对确切了解、掌握我国大气汞排放清单、排放规律进而指导制定有关汞污染控制法律、法规,有效控制大气汞排放,无疑具有重要的理论意义和实际意义。

一期工程两台 350MW 日本三菱燃煤亚临界发电机组分别于 1999 年 12 月、2000 年 4 月投入商业运营。主厂房采用四列式内煤仓方案,两机一控,锅炉半露天布置,主厂房为钢结构,扩建端上煤,每台机组按发电机变压器组接入 220kV 母线,两炉一座烟囱,五电场电除尘器,干除灰、渣系统,废水处理达标排放,设有烟气监测系统。厂内飞灰处理系统采用德国 MoLLer 公司的正压浓相气力输送系统和设备,炉底渣处理系统采用意大利的风冷排渣系统和设备。二期工程两台 300MW 国产东方燃煤亚临界热电联产机组分别于 2007 年 8、11 月投产发电,国华三河电厂扩建的二期工程为热电联产扩建工程,采用"烟塔合一"技术并将一、二期机组同步建设脱硫,从而使整个电厂达到了"增产不增污、增产减排污"的目的,为公司创造了良好的环保和社会效益。2009~2011 年,公司年发电量稳步增长,由 2009 年的 69 亿 kWh 增加到 2011 年的 76 亿 kWh,同时年耗煤量也由 2009 年的 294 万 t 增长到 2011 年的 340 万 t。2011 年,全厂供电量 72 亿 kWh,供热量 $4.98×10^9$ kJ,截至 2011 年底,公司累计完成发电量 617 亿 kWh,为保证京津唐电网的安全稳定和地方经济的快速发展做出了突出贡献。

一期两台 300MW 机组国内首次采用不设置烟气旁路技术,脱硫成效显著,后又进行供热改造工作,加速企业节能减排、可持续发展进程;为了减少对北京市和当地的环境影响,向北京市提供清洁能源,建设绿色环保电厂,在二期扩建工程 2×300MW 的 3 号和 4 号机组安装了烟气脱硝装置,采用 SCR 烟气脱硝技术以降低烟气中 NO_x 排放量;自主创新国内首家的烟塔合一技术,节约成本也美化了城市环境;同时三河发电公司采用二级城市污水作为水源,同时回收一期循环水和排污水,经过处理后全部回用,每年可少用地下水 1000 万 t。目前电厂四台机组均安装了电除尘器和湿法脱硫装置。

113

一、二期烟气脱硫方案相同，均为石灰石－石膏湿法脱硫，脱硫效率大于90%。二期工程2×300MW机组采用全烟气脱硫装置，与机组同期建设。按石灰石－石膏湿法脱硫工艺（1炉1塔）进行设计，钙硫比为1.05。按设计煤种计，烟气脱硫石灰石耗量为$1.5×10^4$t/a；按校核煤种计，石灰石耗量为$1.9×10^4$t/a。厂内设置湿式球磨机石灰石浆液制备系统和真空皮带脱水机石膏脱水系统，一期工程烟气脱硫与本期工程同步实施，公用系统统一规划设计。按设计煤种计，脱硫石膏产生量为$1.172×10^4$t/a；按校核煤种计，脱硫石膏产生量为$1.465×10^4$t/a。采用烟塔合一方案，不设气－气换热器（GGH）。

二期工程在锅炉采用低氮燃烧器的基础上，再采用锅炉尾部脱硝工艺，脱硝方案按选择性催化还原工艺（SCR）考虑。每台机组设一套排烟脱硝（SCR）装置，SCR反应器直接布置在省煤器之后空预器之前的烟道上。两台机组共用一套氨系统，共设2座液氨储槽。采用低氮燃烧器后NO_x排放浓度一般可降低至450mg/m³，锅炉尾部烟气脱氮效率按60%，NO_x排放浓度小于200mg/m³。二期工程（2×300MW）大气污染物排放情况见表10-2。

表10-2 二期工程（2×300MW）大气污染物排放情况表

项目		符号	单位	设计煤种	校核煤种
烟气排放方式		—	—	烟塔合一	
烟气排放状况（FGD出口）	湿烟气量	V_0	m³/s	707.12	712.68
	干烟气量	V_g	m³/s	607.64	611.06
	空气过剩系数	α		1.4415	1.4418
	烟气温度		℃	50	50
脱硫效率		η_{SO2}	%	90	
除尘器除尘效率		η_C	%	99.6%	
脱硫附加除尘效率		η_C	%	50	
脱氮效率		η_{NO_x}	%	60	
污染物排放情况	SO₂ 排放浓度	C_{SO_2}	mg/m³	63	74
	SO₂ 排放量	M_{SO_2}	kg/h	133	158
			t/a	732	869
	烟尘 排放浓度	C_A	mg/m³	11	20
	烟尘 排放量	M_A	kg/h	22	41
			t/a	121	226
	NO_x 排放浓度	C_{NO_x}	mg/m³	180	180
	NO_x 排放量	M_{NO_x}	kg/h	382	384
			t/a	2101	2112

2. 2号机组在线监测及手动采样结果

（1）在线监测数据分析。

由图10-4、图10-5中所示数据表明，烟气汞中Hg^0的变化范围大致在1.7～11.8μg/m³

之间；Hg^{2+}的变化范围大致在 0.3～9.6μg/m^3 之间；Hg^t 变化范围大致在 2.0～14.3μg/m^3 之间。烟气中汞的存在形态以元素汞为主，平均占总汞浓度的 79%，而二价汞经过大气污染控制装置联合脱除后浓度已大大降低，平均占总汞浓度的 21%。相比于我国目前正在征求意见的《火电厂大气污染物排放标准》中燃煤电厂汞及其化合物 30μg/m^3 的排放限制，三河电厂烟气汞排放浓度较低，这与电厂煤质较好、大气污染控制装置运行稳定，以及电厂的严格管理有着密切的关系。图中同时反映出电厂烟气中分形态汞排放浓度存在一定的波动，而且 Hg^0 的浓度变化幅度比 Hg^{2+} 略大一些，这种情况的出现可能和电厂燃煤成分、生产负荷、污染物控制设施的运行情况等有一定关系。

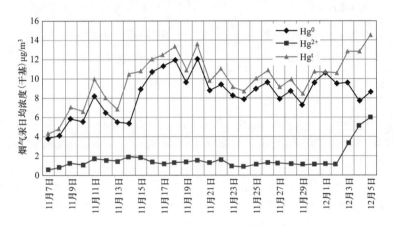

图 10-4　2010 年 11 月 7 日～12 月 5 日的烟气汞日均浓度

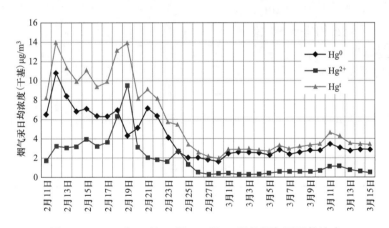

图 10-5　2011 年 2 月 11 日～3 月 15 日的烟气汞日均浓度

（2）手动采样结果分析。

2 号机组装机功率为 350 MW，炉型为煤粉炉，测试时锅炉烟气处理系统为 ESP+WFGD。本研究对该机组汞排放特征进行了两次测量，第一次采样，燃煤中汞含量是 0.103mg/kg，其烟气经过静电除尘器和湿法 WFGD 出口，排放进入大气中的烟气汞含量为 3.6μg/m^3；第二次采样，燃煤中汞含量是 0.062mg/kg，其烟气经过静电除尘器和湿法 WFGD 出口，排放进入大气中的烟气汞含量为 3.06μg/m^3，见表 10-3、表 10-4。

表 10-3   2 号机组第一次测试期间每天输入输出汞量

每天输入汞量		每天 WFGD 出口烟气排放汞量	
煤中汞含量（mg/kg）	0.103	烟气浓度（μg/m³）	3.6
平均每天耗煤量（t）	3648	WFGD 出口烟气流量（×10⁴Nm³）	1965.11
输入汞量总计（g）	376.56	烟气输出汞量总计（g）	81.6

表 10-4   2 号机组第二次测试期间每天输入输出汞量

每天输入汞量		每天 WFGD 出口烟气排放汞量	
煤中汞含量（mg/kg）	0.0624	烟气浓度（μg/m³）	3.06
平均每天耗煤量（t）	2384	WFGD 出口烟气流量（×10⁴Nm³）	1589.5
输入汞量总计（g）	148.8	烟气输出汞量总计（g）	48.6

两次采样结果求平均，燃煤中汞平均含量是 0.083mg/kg，其烟气经过静电除尘器和湿法 WFGD 出口，排放进入大气中的烟气汞平均含量为 3.33μg/m³。依据清华大学王书肖教授的研究结果，该类型锅炉运行时煤中所含汞的释放率能达到 99%，按此释放因子计算，两次测试时该锅炉所安装的常规大气污控措施的协同脱汞作用分别为 78.4%、68.3%。

神华集团测得的煤样汞含量为 0.09mg/kg，中国环境科学研究院测得神华煤中汞含量为 0.02mg/kg，本次实验测得三河电厂的煤样平均值为 0.0484mg/kg，最大浓度为 0.0926mg/kg，最小浓度为 0.01mg/kg，标准偏差为 0.00024。比较全国煤样平均汞含量为 0.18mg/kg，三河电厂用煤质量较好。

3. 3 号机组测试结果

（1）固液样品分析。

由表 10-5 可知，3 号机组煤样的含汞量为 0.0484mg/kg，含量较低，低于全国煤样平均汞含量为 0.18mg/kg，工艺过程中，汞的主要去向为电除尘器脱除颗粒态汞，湿法脱硫去除 Hg^{2+}。

表 10-5   各固体样分析结果

样品	浓度（mg/kg）	标准偏差
煤样	0.0484	0.00024
石灰石	0.0048	1.6×10⁻⁶
工艺水	0.0011	1.5×10⁻⁷
省煤机灰	0.00196	2.6×10⁻⁷
ESP 底灰	0.131	0.0013
渣	0.0019	2.7×10⁻⁷
脱硫石膏	0.509	0.02
脱硫废水	0.0015	1.6×10⁻⁷

　　神华集团测得的煤样汞含量为 0.09mg/kg，中国环境科学研究院测得神华煤中汞含量为 0.02mg/kg，本次实验测得 3 号机组的煤样平均值为 0.0484mg/kg，最大浓度为 0.0926mg/kg，最小浓度为 0.01mg/kg，标准偏差为 0.00024。比较全国煤样平均汞含量为 0.18mg/kg，用煤质量较好。

　　（2）控制措施协同脱汞效率分析。

　　由于该机组燃烧质量较好的神华煤，燃烧排放的汞很低，加之使用先进的烟气污染控制设备，电除尘器降低了烟气中汞含量，低汞含量的烟气经湿法 WFGD 出口，最终排入大气中的汞浓度已降低到 2.45μg/m³。Meij 在荷兰燃煤电站进行的测试研究表明烟气中汞的浓度在 0.3～35μg/m³，平均浓度为（4.1±5.8）μg/m³。美国燃煤电站烟气中大气汞浓度在几微克每立方米到十几微克每立方米。浙江大学周劲松对我国 600MW 燃煤电站测试结果为 4.99～14.79μg/m³，胡长兴对 300MW 电站测试结果为 5.58μg/m³。由此可见，本厂大气汞排放浓度较低。

　　（3）质量平衡分析。

　　各固体样产汞量见表 10-6。

表 10-6　　　　　　　　　　　　　　各 固 体 样 产 汞 量

样品	日消耗量/产生量（t）	汞浓度（mg/kg）	日产汞量（g）
煤样	2213.8	0.0484	107.15
渣	59	0.0019	0.1121
灰	206	0.131	26.986
脱硫工艺水	960	0.0011	1.056
脱硫石膏	78	0.509	39.702
脱硫废水	120	0.0015	0.18
石灰石	54.4	0.0048	0.26

　　FGD 后烟气流量见表 10-7。

表 10-7　　　　　　　　　　　　　　FGD 后 烟 气 流 量

时间	10.28	10.29	10.30	10.31	11.01	11.02	11.03	11.04	平均流量（×10⁶m³）
流量（×10⁶m³）	12.06	13.76	8.36	5.58	5.68	5.63	5.65	5.59	7.79

　　本次质量平衡（见表 10-8）按日计算，每日输入 108.466g 汞，输出 86.0701g 汞，质量平衡率为 86.0701/108.466=79.6%，达到很好的平衡效果（通常认为总汞平衡达到 70%～130%是可以接受的）。

　　4．4 号机组汞监测结果

　　（1）30B 手动采样结果。

　　试验选取了 4 号机组的 SCR 出口，ESP 出口和 WFGD 出口三个点位进行烟气汞含量在线及手动采样监测。4 号机组 SCR 出口的烟气中汞含量在各污染控制措施的协同除汞作用下逐渐减少（见图 10-6）。SCR 出口的烟气汞含量在 3～9μg/Nm³ 的范围之间波动，平均值为 5.23μg/Nm³；ESP 出口的烟气在 ESP 的协同除汞作用下，烟气中汞含量有所降低，其波动范围在 2～5μg/Nm³ 之内，平均值为 3.37μg/Nm³；烟气经过湿式脱硫塔后所含的汞含量最终降至 1～3μg/Nm³ 之内，平均值为 1.9μg/Nm³。

表 10-8　　　　　　　　　　　质　量　平　衡

输入 108.466g		输出 86.0701g	
煤	107.15g	渣	0.1121g
		灰	26.986g
工艺水	1.056g	脱硫废水	0.18g
石灰石	0.26g	脱硫石膏	39.702g
		FGD 后烟气	19.1g

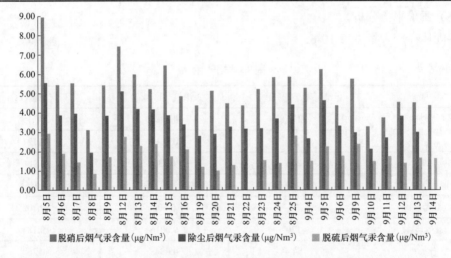

■脱硝后烟气汞含量(μg/Nm³)　■除尘后烟气汞含量(μg/Nm³)　■脱硫后烟气汞含量(μg/Nm³)

图 10-6　4 号机组 30B 测试结果

SCR 出口、ESP 出口和 WFGD 出口三个点位烟气汞含量测试结果（见图 10-7），在各个点位的测试数据有着相同的变化规律，验证了 30B 测试结果的可靠性。同时也证明了 4 号锅炉配备的大气污染控制措施对烟气中汞的协同脱除效果是相对稳定的。也就是说，当燃煤锅炉产生的烟气汞的含量在一定范围内变化时，静电除尘器（ESP）和湿式脱硫塔（WFGD）对烟气中汞的协同脱除率是相对稳定的，分别为 31% 和 50%。

（2）在线监测结果。

Thermo-Fisher 烟气汞排放在线监测仪的监测结果见图 10-8。图 10-8 中显示，上午 8:00～10:00 之间烟气中总汞含量为 4.2μg/Nm³ 左右，氧化态汞 Hg^{2+} 的含量约占 66%。从 11:00 开始总汞含量上升到 5.0μg/Nm³，氧化态汞 Hg^{2+} 占总汞比例从 66% 急速上升至 90% 以上，这个变化的时间与溴化钙添加的时间一致；15:40～17:00 之间进行了相同的试验方案，在线数据也显示了相似的变化。结合 8 月 21 日的 30B 手动采样分析结果（见表 10-9），可见，30B 测试结果与在线监测结果得到了相互的验证。此外，从图中我们不仅可以看出烟气中不同形态的汞含量及其所占比例，而且可以了解到实时数据的变化情况，包括浓度的变化以及各形态汞含量占比的变化。

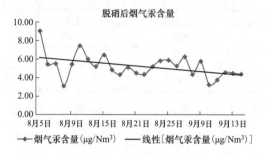

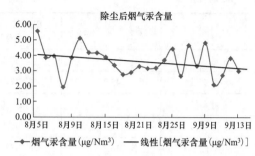

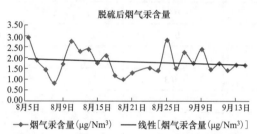

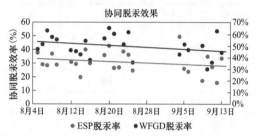

图 10-7　各点位烟气汞含量

表 10-9　　　　　　　　　　　　　　8 月 21 日 30B 测试结果

日期	点位	时间	烟气汞含量（μg/m³）
8 月 21 日	SCR 出口	9:05～9:37	4.49743
8 月 21 日	SCR 出口	11:00～11:32	4.837659
8 月 21 日	SCR 出口	14:35～15:06	5.12101
8 月 21 日	SCR 出口	15:55～16:27	7.053282

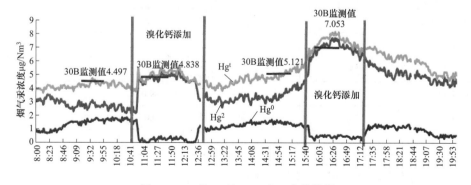

图 10-8　8 月 21 日 SCR 出口在线数据

（3）固体样品分析结果。

本项目对锅炉运行过程中产生的固体样品也进行了汞含量检测（见表 10-10）。试验期间的燃煤中汞含量基本稳定，平均值为 36.8ng/g；炉渣中含汞量几乎为 0；而 ESP 底灰和脱硫石膏中含汞量变化较大，平均值分别为 82.6ng/g 和 1037.6ng/g。

表 10-10   4 号机组固体样品检测结果

日期	燃煤汞含量（ng/g）	ESP 灰汞含量（ng/g）	炉渣汞含量（ng/g）	脱硫石膏汞含量（ng/g）
8 月 6 日	35.0	60.3	0.1	
8 月 7 日	45.3	77.0	0.8	
8 月 8 日	30.0	116.0	0.5	
8 月 9 日	30.7	91.3	0.9	
8 月 12 日	36.3	86.0	−0.1	
8 月 13 日	34.7	88.3	0.9	
8 月 14 日	27.7	83.7	0.3	
8 月 15 日	33.3		0.5	
8 月 16 日	34.0	82.7	−0.3	
8 月 19 日	30.7		1.5	
8 月 20 日	37.3	63.0	11.2	
8 月 21 日	30.0	123.7	0.3	
8 月 22 日	33.7	104.7	0.6	
8 月 23 日	47.4	69.7	1.3	
8 月 24 日	44.9	58.6	−9.6	2124.5
8 月 25 日	56.3	69.4	6.4	
9 月 4 日	35.5			
9 月 5 日	44.4	58.6	−3.8	667.02
9 月 6 日	35.7	204.3	0.1	
9 月 9 日	37.7		0.1	
9 月 10 日	27.7	34.3	0.5	
9 月 11 日	32.3	90.7	1.0	
9 月 12 日	58.6	45.7	−13.6	
9 月 13 日	30.4	93.6	−9.0	321.25
9 月 14 日	29.3	34.0	0.0	
平均值	36.8	82.6	−0.4	1037.6

二、国华燃煤电厂烟气汞污染排放清单

1. 大气汞排放量计算方法

本项目采用的是基于汞产生量和生产净化措施的去除效率相结合的方法来估算汞的排放量，即根据煤炭消耗量确定汞的产生量，根据净化设施的去除能力计算实际汞的大气排放率，二者之乘积即为实际排放，燃煤汞大气排放的计算公式为

$$Q_i = A_i \times C_i \times F_i \times (1-\eta) \times 10^{-6} \qquad (10\text{-}1)$$

其中　Q_i——i 排放源汞排放量，kg；

　　　A_i——i 排放源燃煤活动水平，t；

　　　C_i——i 排放源燃煤汞含量，ng/g；

　　　F_i——i 排放源燃烧过程中汞释效率，%；

　　　η——净化设备除汞效率，%。

2. 国华燃煤电厂不同煤种汞含量研究

本研究对国华集团下属的 7 个燃煤电厂所使用的入炉煤样进行了含汞量分析，其结果见表 10-11 及图 10-9。

表 10-11　　　　　　　　　华所属各电厂煤样汞含量分析结果　　　　　　　　（ng/g）

电厂名	煤样平均汞含量	最高值	最低值	样本容量	煤样备注
河北定州电厂	108.67	129.7	63.3	17	混煤
内蒙古鄂尔多斯准格尔电厂	382.10	469.7	207.5	28	鄂尔多斯准格尔煤
内蒙古呼伦贝尔电厂	52.93	69.3	39.0	15	呼伦贝尔宝日希勒煤
江苏徐州电厂	294.44	360.7	136.6	20	混煤：大中华、官桥、苏儒之家、大屯、谢桥、潘集西
江苏太仓电厂	261.18	481.4	110.3	17	混煤
广东台山电厂	54.07	109	24.7	42	混煤：神混 2、印尼煤、俄罗斯煤
宁夏宁东电厂	59.20	64.3	49.3	17	宁夏石槽村矿和清水营矿
河北燕郊三河电厂	38.3	100.3	24.3	92	神混 2

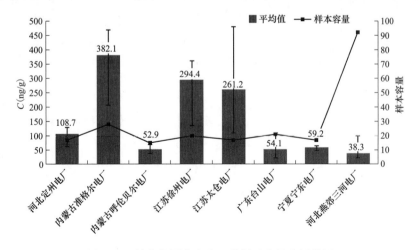

图 10-9　神华集团华各电厂煤样汞含量分析结果

从分析结果中可以看出，神华集团所属各电厂使用动力煤中汞含量各异；内蒙古呼伦贝尔电厂、广东台山电厂、宁夏宁东电厂、河北三河电厂使用的煤中含汞量低于

60ng/g，属于十分清洁的煤种，内蒙古准格尔电厂、江苏徐州和太仓电厂使用的动力煤中汞含量相对较高。

3. 国华燃煤电厂烟气汞排放计算

在计算燃煤电厂烟气汞排放总量时除了统计各电厂活动水平（燃煤总量）之外，还需要依据各燃煤电厂的发电工艺以及配套烟气处理设施类型及其运行情况来选择排放因子及大气污控设施汞控制效率。因此计算排放清单时需要收集国华集团所属燃煤电厂生产活动水平及大气污控设施运行相关数据。

第十一章

总结与展望

第一节　关于燃煤机组烟气汞检测与脱除现状的总结

《关于汞的水俣公约》的生效与我国对大气污染治理的力度逐渐加大，使得对大气中汞污染物的治理成为重中之重。气汞污染物最主要来源为燃煤发电机组的烟气中气态汞，因此对燃煤机组烟气汞减排技术的发展成为大势所趋。目前，全国范围内多数大型燃煤电厂进行了一定程度的超低排放改造来实现污染物近零排放，针对烟气汞的检测与脱除技术有了显著的进步。燃煤机组烟气汞的检测技术是汞减排技术的基础，常用主要应用技术包括湿化学法、干法吸附法、样品分析和测试以及烟气汞排放在线监测，其各自的特点与工程应用在本书中进行了详细阐述。对于汞脱除技术而言，主要分为燃烧前的燃料脱汞、燃烧中加入添加剂脱汞和燃烧后的烟气脱汞，其中燃烧后烟气脱汞是该技术的关键，目前常使用常规污染物处理设备对汞进行联合脱除。此外，一些新型脱汞材料和技术的研究应用进展也大大推动了大气汞减排的进程，如 MOF 脱汞材料、Fenton 脱汞技术以及吸附脱汞技术的开发与应用。

第二节　关于烟气汞减排技术未来发展的展望

依托目前常规污染物脱除系统，烟气汞的减排效果显著，但为了实现其尽量排放，烟气汞检测与脱除技术均需得到重视与发展。其中主要汞检测与脱除技术研发存在以下潜在方向：

1. 烟气汞检测技术精度优化

烟气汞检测技术作为汞脱除技术的基础，在燃煤机组汞减排中占有举足轻重的作用。同时，检测烟气汞在各烟气处理设备中的浓度，有助于后续脱汞策略的制定。其中，更准确地检测烟气汞各个存在形态在烟气中的占比与分布，将显著提高汞脱除的针对性，可作为烟气汞的脱除效率重要手段之一。

2. 燃煤机组燃烧方式优化

从汞源头与燃烧方式入手，对其反应机理进行探索将成为汞治理发展的必由之路。对混合燃料掺烧、燃烧温度与送风控制等方面进行研究，对汞在烟气中各存在形态产生的原因进行探索，有助于针对性地制备相关的催化剂或吸附剂，可作为其他汞减排手段的辅助技术。

3. 吸附脱汞技术的研发

不同材料技术的吸附脱汞技术是目前最成熟的一种烟气脱汞技术之一，国内外研究者对其进行了广泛的研究，但技术总体还不成熟，对其进一步发展的主要方向包括：

（1）降低运行成本，优化运行策略：依托烟气汞检测设备与煤种变化，针对性选择脱汞材料，控制材料投入与运行时间，合理控制运行成本。

（2）开发新型吸附脱汞材料：目前常用的活性炭等材料其价格较高的同时，并需要及时进行二次更换防止造成二次污染，因此开发一种价格低廉，吸附能力强的多孔复合材料是目前吸附技术发展的重要方向之一。

（3）区域规划。通过区域划分，构建模型，进而便于对比分析。

（4）个例设定。以某种燃煤机组为例，通过具体的系统能力调研，确定更优的各项参数，以使得整个系统收益最大。

4. 新技术的经济性评估

经济性评估是脱汞系统治理工作的重要方面，也是推进应用模式的关键参考指标。需要考虑的内容主要包括：

（1）烟气汞检测与脱除设备及时换代。为保证烟气汞检测技术的准确性，保证合规运行来减缓设备损坏，并及时进行换代来增大系统运行的效率。

（2）机组对汞回收所带来的环保收益，与煤种选择、设备更新、技术引进等成本进行合理比较经济性分析，明确投资收益，对落实项目安排有着一定的指导意义。

参 考 文 献

[1] 冯新斌，史建波，李平，等．我国汞污染研究与履约进展［J］．中国科学院院刊，2020，35（11）：1344-1350．

[2] 陈敏，丁丽，冯琳，等．典型汞污染地区食物汞含量及人体汞暴露健康风险［J］．生态毒理学报，2019，014（5）：287-295

[3] 侯明．桂林市土壤—农作物系统汞形态特征及影响因素研究［D］．成都理工大学，2006．

[4] 杨倩，王方园，申艳冰．砷、汞对植物毒性影响及其迁移富集效应探讨［J］．能源环境保护，2020，34（02）：87-91．

[5] Selin Noelle E.. A proposed global metric to aid mercury pollution policy［J］. Science，2018，360（6389）：607-609．

[6] Ray W. Drenner，Matthew M. Chumchal，Stephen P. Wente，et al. Landscape-level patterns of mercury contamination of fish in North Texas，USA［J］. Environmental toxicology and chemistry，2011，30（9）：2041-2045

[7] 高兰兰，戴刚．汞污染现状和研究进展［J］．环境与发展，2017，29（07）：142-143．

[8] Wu Z J，Ye H F，Shan Y L，et al. A city-level inventory for atmospheric mercury emissions from coal combustion in China［J］. Atmospheric environment，2020，223（2）：117245.1-117245.10．

[9] Zhang Y，Ye X J，Yang T J，et al. Evaluation of costs associated with atmospheric mercury emission reductions from coal combustion in China in 2010 and projections for 2020［J］. The Science of the Total Environment，2018，610-611（1）：796-801．

[10] Wang S B，Luo K L，Atmospheric emission of mercury due to combustion of steam coal and domestic coal in China［J］. Atmospheric environment，2017，162（8）：45-54．

[11] 董丽君，张展华，张彤．土壤环境汞污染现状及其影响因素研究进展［J］．地球与环境，2022，50（03）：397-414+319．

[12] 孙阳昭，陈扬，蓝虹，等．中国汞污染的来源、成因及控制技术路径分析［J］．环境化学，2013，32（06）：937-942．

[13] 殷立宝，禚玉群，徐齐胜，等．中国燃煤电厂汞排放规律［J］．中国电机工程学报，2013，33（29）：1-10．

[14] 俞美香，蔡同锋，宗叶平，等．基于实测的燃煤电厂烟气中汞排放水平浅析［J］．环境监控与预警，2013，5（05）：47-49．

[15] 高正阳，钟俊，于航，等．大豆秆与煤混燃过程颗粒汞生成特性的试验研究［J］．太阳能学报，2014，35（03）：426-432．

[16] 史晓方．生物质与煤混燃过程对痕量有毒重金属 Hg、Cr 化合物形态变化影响的研究［D］．东华大学，2014．

[17] 苏银皎．煤中汞的赋存形态及其在超低排放机组中迁移转化与稳定化［D］．华北电力大学（北

京），2021.

[18] Kolker A., Senior C.L., Quick J. C. Mercury in coal and the impact of coal quality on mercury emissions from combustion systems [J]. Applied Geochemistry，2006，21（11）：1821-1836.

[19] Yudovich Y. E.，Ketris M. P. Mercury in coal：a review：Part 1. Geochemistry [J]. International Journal of Coal Geology，2005，62（3）：107-134.

[20] 赵毅，郝荣杰. 燃爆电厂汞的形态转化及其影响因素研究进展 [J]. 热力发电，2010，39（1）：6-10.

[21] 雷映珠，唐念. 负荷和煤种对燃煤机组烟气汞迁移的影响研究 [J]. 广东电力，2015，28（05）：19-25.

[22] 陈敏敏，王军霞，张守斌，等. 中国燃煤电厂汞达标排放分析 [J]. 环境污染与防治，2016，38（2）：106-110.

[23] 周劲松，王光凯，骆仲泱，等. 600MW 煤粉锅炉汞排放的试验研究 [J]. 热能动力工程，2006（06）：569-572+654.

[24] 郭振. 生物质添加对燃煤汞排放中颗粒汞形成的作用机理研究 [D]. 华北电力大学，2012.

[25] 吴辉. 燃煤汞释放及转化的实验与机理研究 [D]. 华中科技大学，2011.

[26] 王铮，薛建明，许月阳，等. 选择性催化还原协同控制燃煤烟气中汞排放效果影响因素研究 [J]. 中国电机工程学报，2013，33（14）：32-37+12.

[27] 黄瑞，杨阳，徐文青，等. 金属硫化物吸附剂脱除烟气汞研究进展 [J]. 化工进展，2020，39（12）：5243-5251. DOI：10.16085/j.issn.1000-6613.2020-0318.

[28] 张成，朱天宇，殷立宝，等. 100MW 燃煤锅炉污泥掺烧试验与数值模拟 [J]. 燃烧科学与技术，2015，21（02）：114-123.

[29] 杨昕. 生物质与煤混合燃烧过程中汞的释放特性研究 [D]. 华北电力大学（北京），2016.

[30] 余婉璇. 煤与生物质混燃过程中碱金属对均相汞氧化影响的热力学与动力学研究 [D]. 东华大学，2012.

[31] 李春建，曾澄光，段小云，等. 煤与木屑掺烧的燃烧特性与污染物排放规律 [J]. 能源与节能，2022，No.201（06）：6-9+127.

[32] 李圳，刘轩，王鹏程，等. 350MW 低热值煤 CFB 机组掺烧城市污泥的汞排放与迁移特性 [J]. 电站系统工程，2021，37（05）：57-60.

[33] 殷立宝，徐齐胜，高正阳，等. 生物质与煤混燃过程气态汞排放特性试验研究 [J]. 中国电机工程学报，2013，33（17）：30-36+8.

[34] 李德波，孙超凡，冯斌全，等. 300MW 燃煤电厂污泥掺烧技术研究及应用 [J]. 浙江电力，2019，38（7）：109-114.

[35] 丁承刚，马琼云，徐小明，等. 燃煤电厂烟气汞在线监测比较研究 [J]. 锅炉技术，2015，46（05）：15-19.

[36] 郭欣，郑楚光，贾小红，等. 300MW 煤粉锅炉烟气中汞形态分析的实验研究 [J]. 中国电机工程学报，2004（06）：189-192.

[37] Wu Y L，Chang W R，M Millan. Synergetic removal characteristics of mercury for ultra-low emission

coal-fired power plant［J］，Fuel，2023（332），Volume 332，126083.

［38］A Hridesh，S R Narayan，D T Baran. Mercury emissions and partitioning from Indian coal-fired power plants［J］. Journal of environmental sciences，2021（1），6.

［39］Li B，Wang H L. Effect of flue gas purification facilities of coal-fired power plant on mercury emission，Energy Reports［J］，2021（7），190-196.

［40］徐旭，陆胜勇，傅刚，等. 不同工况飞灰重金属和 PAHs 特性试验研究［J］. 燃烧科学与技术，2002，（02）：145-149.

［41］刘军娥. 燃烧方式对汞分布规律影响的研究［D］. 太原理工大学，2014.

［42］朱珍锦，薛来，谈仪，等. 负荷改变对煤粉锅炉燃烧产物中汞的分布特征影响研究［J］. 中国电机工程学报，2001（07）：88-91+95.

［43］张翼，叶云云，顾永正，等. 1000MW 超超临界燃煤机组汞排放特征［J］. 中国电机工程学报，2021，41（20）：7039-7046.

［44］张军，郑成航，张涌新，等. 某 1000MW 燃煤机组超低排放电厂烟气污染物排放测试及其特性分析［J］. 中国电机工程学报，2016，36（05）：1310-1314.

［45］段钰锋，朱纯，佘敏，等. 燃煤电厂汞排放与控制技术研究进展［J］. 洁净煤技术，2019，25（02）：1-17.

［46］K. Grace Pavithra，P. SundarRajan，P. Senthil Kumar，et al. Mercury sources，contaminations，mercury cycle，detection and treatment techniques：A review，Chemosphere，Volume 312，Part 1，2023，137314.

［47］韩立鹏. 典型超低排放燃煤电站主要非常规污染物排放特征的研究［D］. 华北电力大学（北京），2022.

［48］周强，段钰锋，卢平. 燃煤电厂吸附剂喷射脱汞技术的研究进展［J］. 化工进展，2018，37（11）：4460-4467.

［49］李晓航. 循环流化床燃煤机组汞的排放与迁移转化特征［D］. 华北电力大学（北京），2020.

［50］陈招妹，刘含笑，崔盈，等. 燃煤电厂烟气中 Hg 的生成、治理、测试及排放特征研究［J］. 发电技术，2019，40（04）：355-361.

［51］刘含笑，陈招妹，王伟忠，等. 燃煤电厂烟气 Hg 排放特征及其吸附脱除技术研究进展［J］. 环境工程，2019，37（08）：128-133+127.

［52］董志涛. 超低排放燃煤电厂汞排放特征及排放量估算研究［D］. 浙江大学，2020.

［53］李思维，常博，刘昆轮，等. 煤炭干法分选的发展与挑战［J］. 洁净煤技术，2021，27（05）：32-37.

［54］梁兴国，李云峰，李燕，等. 智能干选技术研究应用及发展趋势［J］. 选煤技术，2019（01）：92-96+102.

［55］郭少青. 煤转化过程中汞的迁移行为及影响因素［M］. 北京：化学工业出版社，2012.

［56］刘清伟，马志刚，李自强，等. 煤中汞的脱除技术综述［J］. 广东化工，2018，45（05）：127+122.

［57］马晶晶，姚洪，罗向前，等. NaBr 对煤燃烧 NO 还原和汞氧化影响的实验研究［J］. 工程热物理学报，2010，31（8）：1407-1410.

［58］潘卫国，吴江，王文欢，等. 添加 NH4CI 对煤燃烧生成 Hg 和 NO 影响的研究［J］. 中国电机工程学报，2009，29（29）：41-46.

［59］钱真，姚琬颖，刘国辉，等．氯系氧化剂在烟气脱硫脱硝脱汞中的研究进展［J］．化工环保，2021，41（06）：688-693.

［60］黄治军，段钰锋，王运军，等．钙基吸附剂固定床吸附烟气中 Hg^0 的试验研究［J］．锅炉技术，2011，42（5）：65-69.

［61］王大勇，陈武．燃煤烟气汞排放控制技术研究进展［J］．应用能源技术，2011（5）：35-38.

［62］赵金龙，胡达清，单新宇，等．燃煤电厂超低排放技术综述［J］．电力与能源，2015，36（5）：701-708.

［63］Zheng C H，Wang L，Zhang Y X，et al. Co-benefit of hazardous trace elements capture in dust removal devices of ultra-low emission coal-fired power plants［J］．Journal of Zhejiang University Science A：Applied Physics & Engineering，2018，19（1）：68-79.

［64］陈璇．燃煤机组超低排放改造对汞排放的影响［D］．华北电力大学，2018.

［65］王树民，宋畅，陈寅彪，等．燃煤电厂大气污染物"近零排放"技术研究及工程应用［J］．环境科学研究，2015，28（04）：487-494.

［66］Zhang Y，Yang J，Yu X，et al. Migration and emission characteristics of Hg in coal-fired power plant of China with ultra low emission air pollution control devices［J］．Fuel Processing Technology，2017，158：272-280.

［67］焦峰．超低排放燃煤电厂烟气重金属污染物排放特征浅析［J］．低碳世界，2019，9（01）：11-13.

［68］易秋．燃煤机组烟气重金属污染物排放特征研究［D］．太原理工大学，2016.

［69］左朋莱，王晨龙，佟莉，等．小型燃煤机组烟气重金属排放特征研究［J］．环境科学研究，2020，33（11）：2599-2604.

［70］Zheng J Y，Ou J M，Mo Z W，et al. Mercury emission inventory and its spatial characteristics in the Pearl River Delta region，China［J］．Science of the Toyal Environment，2011，412：214-222.

［71］张婷婷，周长松，周梦长，等．Fe 负载 UiO-66 协同非均相类 Fenton 氧化降解废气苯的研究［J］．燃料化学学报，2021，49（02）：220-227.

［72］Zhang Z，Zhou C，Liu J，et al. Molecular study of heterogeneous mercury conversion mechanism over Cu-MOFs：Oxidation pathway and effect of halogen［J］．Fuel，2021，290：120030.

［73］Sharma J K，Srivastava P，Singh G，et al. Biosynthesized NiO nanoparticles：potential catalyst for ammonium perchlorate and composite solid propellants［J］．Ceramics International，2015，41（1）：1573-1578.

［74］Chandru R A，Patra S，Oommen C，et al. Exceptional activity of mesoporous β-MnO_2 in the catalytic thermal sensitization of ammonium perchlorate［J］．Journal of Materials Chemistry，2012，22（14）：6536-6538.

［75］Zhang B，Liu J，Dai G，et al. Insights into the mechanism of heterogeneous mercury oxidation by HCl over V_2O_5/TiO_2 catalyst：Periodic density functional theory study［J］．Proceedings of the Combustion Institute，2015，35（3）：2855-2865.

［76］Zhang Z，Liu J，Shen F. On-line detection and kinetic study of selenium release during combustion， gasification and pyrolysis of sawdust [J]. Fuel，2021，277：130363.

[77] Zhao Y，Wen X，Guo T，et al. Desulfurization and denitrogenation from flue gas using Fenton reagent [J]. Fuel Processing Technology，2014，128：54-60.

[78] Ji F，Li C，Zhang J，et al. Efficient decolorization of dye pollutants with LiFe（WO4）2 as a reusable heterogeneous Fenton-like catalyst [J]. Desalination，2011，269（1-3）：284-290.

[79] Wang C，Zhang H，Feng C，et al. Multifunctional Pd/MOF core–shell nanocomposite as highly active catalyst for p-nitrophenol reduction. Catalysis Communications，2015，72：29-32.

[80] Zhao Y.，Hao R.，Xue F.，Feng Y. Simultaneous removal of multi-pollutants from flue gas by a vaporized composite absorbent [J]. Journal of hazardous materials，2017，321：500-508.

[81] Huang X.，Ding J.，Zhong Q. Catalytic decomposition of H_2O_2 over Fe-based catalysts for simultaneous removal of NO_x and SO_2. Applied Surface Science，2015，326：66-72.

[82] Liu P，Nuo Y，Wei H，Mao X. Heterogeneous activation of peroxymonocarbonate by Co-Mn oxides for the efficient degradation of chlorophenols in the presence of a naturally occurring level of bicarbonate [J]. Chemical Engineering Journal，2018，334：1297-1308.

[83] 周长松. 铁基非均相类 Fenton 催化剂脱除烟气中汞的实验与机理研究 [D]. 华中科技大学，2016.

[84] Zhang CF，Qiu LG，Ke F，et al. A novel magnetic recyclable photocatalyst based on a core-shell metal-organic framework Fe_3O_4@MIL-100（Fe）for the decolorization of methylene blue dye [J]. Journal Materials Chemistry A，2013，1（45）：14329-14334.

[85] Ke F，Qiu LG，Yuan YP，et al. Thiol-functionalization of metal-organic framework by a facile coordination-based postsynthetic strategy and enhanced removal of Hg^{2+} from water [J]. Journal of Hazardous Materials，2011，196：36-43.

[86] Shamsi JH，Kaghazchi T. Simultaneous activation/sulfurization method for production of sulfurized activated carbons: characterization and Hg（Ⅱ）adsorption capacity [J]. Water Science & Technology，2014，69（3）：546-552.

[87] Luo F，Chen J L，Dang L L. High-performance Hg^{2+} removal from ultra-low concentration aqueous solution using both acylamide- and hydroxyl- functionalized metal-organic framework [J]. Journal of Materials Chemistry A，2015，3：9616-9620.

[88] He J，Yee K K，Xu Z T，et al. Thioether side chains improve the stability，fluorescence，and metal uptake of a metal-organic framework [J]. Chemistry of Materials，2011，23：2940-2947.

[89] Zhou C，Wang B，Ma C，et al. Novel magnetically separable heterogeneous Fenton-like $Cu_{0.3}Fe_{2.7-x}$ Ti_xO_4 catalysts toward gaseous elemental mercury（Hg^0）removal at neutral solution [J]. Fuel，2015，161：254-261.

[90] Hasan Z，Cho D W，Islam G J. Catalytic decoloration of commercial azo dyes by copper-carbon composites derived from metal organic frameworks [J]. Journal of Alloys and Compounds，2016，689：625-631.

[91] Qin L，Li Z，Xu Z，et al. Organic-acid-directed assembly of iron-carbon oxides nanoparticles on coordinatively unsaturated metal sites of MIL-101 for green photochemical oxidation [J]. Applied

Catalysis B: Environmental, 2015, 179: 500-508.

[92] Zhou C, Yang H, Chen J, et al. Mechanism of heterogeneous reaction between gaseous elemental mercury and H_2O_2 on Fe_3O_4(1 1 0)surface[J]. Computational and theoretical chemistry, 2018, 1123: 11-19.

[93] 王妍艳, 陶雷行, 陆骏超, 刘志超, 万迪. 超低排放机组协同脱汞效益研究 [J]. 电力与能源, 2021, 42 (02): 223-226+258.

[94] 吕浩. 活性炭喷射耦合除尘器协同脱除燃煤烟气有机污染物/汞/CPM 研究 [D]. 东南大学, 2021.

[95] 宗晓辉. 600MW 超临界锅炉低氮燃烧改造 [D]. 清华大学, 2015.

[96] 郭宏梁. 300MW 火力发电机组锅炉低氮燃烧技术改造分析 [D]. 华北电力大学, 2018.

[97] 徐玮. 燃煤烟气中汞的形态分布特征及净化设备的除汞效果 [D]. 上海交通大学, 2010.

[98] USEPA. Mercury study report to congress, Volume II: An inventory of anthropogenic mercury emissions in the United States [R]. Washington, 1997.

[99] Richardson C, Machalek T, Miller S, et al. Effect of NO_x control processes on mercury speciation in utility flue gas [J]. Journal of the Air & Waste Management Association, 2002, 52 (8): 941-947.

[100] 杨立国. 燃煤烟气汞形态转化及脱除机理研究 [D]. 南京: 东南大学, 2008.

[101] Meij R, Vredenbregt L, Winkel H T. The fate and behavior of mercury in coal-fired power plants [J]. Journal of the Air & Waste Management Association, 2002, 52 (8): 912-917.

[102] 纪明轩. 脱硫废水电解产物回喷耦合 SCR 技术脱硝脱汞的研究 [D]. 武汉大学, 2022.

[103] 戴晓云. 钒基 SCR 催化剂催化氧化 Hg^0 与中毒失活的机理研究 [D]. 华北电力大学, 2019.

[104] 王小龙. 水泥生产过程中汞的排放特征及减排潜力研究 [D]. 浙江大学, 2017.

[105] Cao Y, Cheng C M, Chen C W, et al. Abatement of mercury emissions in the coal combustion process equipped with a fabric filter baghouse [J]. Fuel, 2008, 87 (15/16): 3322-3330.

[106] 赵毅, 韩立鹏. 超低排放燃煤电厂低低温电除尘器协同脱汞研究 [J]. 动力工程学报, 2019, 39 (04): 319-323+330.

[107] 熊桂龙, 李水清, 陈晟, 等. 增强 PM2.5 脱除的新型电除尘技术的发展 [J]. 中国电机工程学报, 2015, 35 (9): 2217-2223.

[108] 胡斌, 刘勇, 任飞, 等. 低低温电除尘协同脱除细颗粒与 SO_3 实验研究 [J]. 中国电机工程学报, 2016, 36 (16): 4319-4325.

[109] 林翔. 低低温电除尘器提效及多污染物协同治理探讨 [J]. 机电技术, 2014 (03): 10-13.

[110] 马占海, 徐超, 赵海宝, 等. 低低温电除尘器与电袋除尘器的技术经济对比分析 [J]. 中国环保产业, 2022, No.283 (01): 59-65.

[111] 杜宇江, 刘美玲, 姚宇平. 燃煤电站超低排放的电袋复合除尘技术 [A]. 中国环境保护产业协会电除尘委员会. 第十七届中国电除尘学术会议论文集 [C]. 中国环境保护产业协会电除尘委员会, 中国环境保护产业协会电除尘委员会, 2017: 5.

[112] 尤燕青. 燃煤烟气电袋复合除尘脱汞协同技术探讨 [J]. 中国环保产业, 2012, No.174 (12): 62-64.

[113] 莫华, 朱法华, 王圣, 等. 湿式电除尘器在燃煤电厂的应用及其对 PM2.5 的减排作用 [J]. 中

国电力，2013，46（11）：62-65.

［114］丁承刚，罗汉成，潘卫国. 湿式静电除尘器及其脱除烟气中汞的研究进展［J］. 上海电力学院学报，2015，31（02）：151-155.

［115］尹展翅. 湿式电除尘系统中汞的迁移及转化实验研究［D］. 华中科技大学，2019. DOI：10.27157/d.cnki.ghzku.2019.000692.

［116］宋畅，张翼，郝剑，等. 燃煤电厂超低排放改造前后汞污染排放特征［J］. 环境科学研究，2017，30（5）：672-677.

［117］刘玉坤，禚玉群，陈昌和，等. 燃煤电站脱硫系统的脱汞性能［J］. 中国电力，2011，44（12）：68-72.

［118］许月阳，薛建明，王宏亮，等. 燃煤烟气常规污染物净化设施协同控制汞的研究［J］. 中国电机工程学报，2014，34（23）：3924-3931.

［119］张静怡. 燃煤电站烟气中汞脱除与减排技术［J］. 中国电力，2012，45（9）：76-79.

［120］李少华，徐英健，王虎，等. WFGD 系统脱硫及脱汞特性模拟研究［J］. 锅炉技术，2014，45（6）：72-76.

［121］华晓宇，章良利，宋玉彩，等. 燃煤机组超低排放改造对汞排放的影响［J］. 热能动力工程，2016，31（7）：110-116.

［122］魏宏鸽，徐明华，柴磊，等. 双塔双循环脱硫系统的运行现状分析与优化措施探讨［J］. 中国电力，2016，49（10）：132-135.

［123］陈舜麟. 计算材料科学［M］. 北京：化学工业出版社，2005.

［124］Hohenberg P，Kohn W. Inhomogeneous electron gas. Physical Review，1964，136（3）：B864；

［125］Nityananda R，Hohenberg P，Kohn W. Inhomogeneous Electron Gas. Resonance，2017，22（8）：809-811.

［126］Hafner J. ChemInform abstract：Ab-initio simulations of materials using VASP：Density-functional theory and beyond. Cheminform，2008，39（47）.

［127］Delley B J. From molecules to solids with the DMol3 approach. Journal of Chemical Physics，2000，113（18）：7756-7764.

［128］Huzinaga S. Gaussian-type functions for polyatomic systems. I. The Journal of Chemical Physics，1965，42：1595.

［129］Wolff S K. Analytical second derivatives in the Amsterdam density functional package. International Journal of Quantum Chemistry，2010，104（5）：645-659.

［130］Grad G B，Blaha P，Schwarz K，et al. Density functional theory investigation of the geometric and spintronic structure of h-BN/Ni（111）in view of photoemission and STM experiments. Physical Review B，2003，68（8）：085404.

［131］Kresse G，Furthmüller J. Efficiency of ab-initio total energy calculations for metals and semiconductors using a plane-wave basis set. Computational Materials Science，1996，6（1）：15-50.

［132］Kresse G，Furthmüller J，Hafner J. Theory of the crystal structures of selenium and tellurium：The effect of generalized-gradient corrections to the local-density approximation. Phys Rev B Condens

Matter，1994，50（18）：13181-13185.

[133] Tadashi O，Eric S，Francois G，et al. Melting of Lithium Hydride under Pressure，Physical Review Letters，2003，91（17）：175502.

[134] Fackler J P，Staples R J，Raptis R G. First principles methods using CASTEP. 2005.

[135] Delley B. An all-electron numerical method for solving the local density functional for polyatomic molecules. Journal of Chemical Physics，1990，92（1）：508-517.

[136] Frisch M J，Trucks G W，Schlegel H B，et al. Gaussian 09，Rev A.1. 2009.

[137] Frisch M J，Trucks G W，Schlegel H B，et al. Gaussian 09，Revision B.01. 2010.

[138] 杨婷婷，白杨，吕游，等. SCR 脱硝系统多目标优化控制研究. 中国电机工程学报，2021，41（14）：7.

[139] Zhou J，Guo R，Zhang X F，et al. Cerium oxide-based catalysts for low-temperature selective catalytic reduction of NO_x with NH_3：A review. Energy & Fuels，2021，35：2981-2998.

[140] Presto A A，Granite E J. Survey of catalysts for oxidation of mercury in flue gas. Environmental science & technology，2006，40（18）：5601-5609.

[141] Yang Y J，Liu J，Wang Z，et al. A skeletal reaction scheme for selective catalytic reduction of NO_x with NH_3 over CeO_2/TiO_2 catalyst. Fuel Processing Technology，2018，174：17-25.

[142] Negreira N A，Wilcox J. Role of WO_3 in the Hg oxidation across the V_2O_5-WO_3-TiO_2 SCR catalyst：A DFT study. Journal of Physical Chemistry C，2013，117（46）：24397-24406.

[143] Wang Z，Liu J，Zhang B，et al. Mechanism of heterogeneous mercury oxidation by HBr over V_2O_5/TiO_2 catalyst. Environmental Science and Technology，2016，50（10）：6398-5404.

[144] Zhen W，Liu J，Yang Y J，et al. Heterogeneous reaction mechanism of elemental mercury oxidation by oxygen species over MnO_2 catalyst. Proceedings of the Combustion Institute，2019，37（3）：2967-2975.

[145] Zhao L，Wu Y W，Han J，et al. Density functional theory study on mechanism of mercury removal by CeO_2 modified activated carbon. Energies，2018，11（11）：2872.

[146] Yan G，Gao Z Y，Zhao M L，et al. A comprehensive exploration of mercury adsorption sites on the carbonaceous surface：A DFT study. Fuel，2020，282：118781.

[147] Fan L L，Ling L X，Wang B J，et al. The adsorption of mercury species and catalytic oxidation of Hg^0 on the metal-loaded activated carbon. Applied Catalysis A：General，2016，520：13-23.

[148] Yang Y J，Liu J，Liu F，et al. Molecular-level insights into mercury removal mechanism by pyrite. Journal of Hazardous Materials，2018，344：104-112.

[149] 杨应举. 燃煤烟气中汞多相氧化反应动力学与吸附机理研究. 华中科技大学，2019.

[150] Tang H J，Duan Y F，Zhu C，et al. Theoretical evaluation on selective adsorption characteristics of alkali metal-based sorbents for gaseous oxidized mercury. Chemosphere，2017，184：711-719.

[151] 辛凤，魏书洲，张军峰，等. 燃煤烟气非碳基吸附剂脱汞研究进展［A］. 燃料化学学报，2020，48（12）：1409-1420.

[152] 任建莉，罗誉娅，陈俊杰，等. 汞吸附过程中载银活性炭纤维的表面特征［J］. 中国电机工程学报，2009，29（35）：71-76.

[153] 王金星. 烟气脱汞技术研究现状与展望 [J]. 华北电力大学学报（自然科学版），2020，47（01）：104-110.

[154] 陶信. Ce 改性 Fe-Mn 磁性吸附剂脱汞特性研究 [D]. 南京师范大学，2021.

[155] 吴涛，王定华，成小玲，等. 高分子材料 DBA 用于聚氯乙烯工业脱汞的试验 [J]. 聚氯乙烯，2014，42（06）：39-42.

[156] 孟佳琳. H_2S 改性 Fe_2O_3 吸附剂脱汞及再生特性研究 [D]. 东南大学，2020.

[157] 刘欢. 改性矿物吸附剂脱汞及其反应机理研究 [D]. 华中科技大学，2020.

[158] 高晓霞. 水泥窑协同处置选金废渣预处理脱汞实验研究 [D]. 太原理工大学，2021.

[159] 马威. $CoOx-Fe_2O_3$ 改性 ZSM-5 分子筛去除燃煤烟气中 Hg^0 的实验研究 [D]. 江西理工大学，2021.

[160] 王晓焕，黄富铭. 高效脱汞吸附材料在氯碱工业含汞废水深度处理中的应用 [J]. 中国氯碱，2015，（09）：39-41.

[161] 蒋丛进，刘秋生，陈创社. 国华三河电厂飞灰基改性吸附剂脱汞技术研究 [J]. 中国电力，2015，48（04）：54-56+65.

[162] 赵琳，刘庆岭，彭学平，等. 国内外烟气脱汞技术研究进展 [A]. 水泥技术，2021（4）：15-21.

[163] 不公告发明人. 一种脱汞吸附剂及其制备方法和应用 [P]. CN106622189A，2017-05-10.

[164] 刘芳芳，张军营，赵永椿，郑楚光. 金属氧化物改性凹凸棒石脱除烟气中的单质汞 [J]. 燃烧科学与技术，2014，20（06）：553-557.

[165] 何川，沈伯雄，蔡记，陈建宏，等. 铈锰负载钛基柱撑黏土脱除单质汞的研究 [J]. 工程热物理学报，2014，35（10）：2088-2092.

[166] Zhang Y，Duan W，Liu Z，Cao Y. Effects of modified fly ash on mercury adsorption ability in an entrained-flow reactor [J]. Fuel，2014，128：274-280.

[167] Gu Y，Zhang Y，Lin L，Xu H，et al. Evaluation of elemental mercury adsorption by fly ash modi- fied with ammonium bromide [J]. J Therm Anal Calorim，2015，119（3）：1663-1672.

[168] Hrdlicka J A，Seames W S，Mann M D. Mercury oxidation in flue gas using gold and palladium catalysts on fabric filters [J]. Environ Sci Technol，2008，42（17）：6677-6682.

[169] Li Y，Cheng H，LI D，et al. WO_3 /CeO_2-ZrO_2, a promising catalyst for selective catalytic reduction （SCR）of NO_x with NH_3 in diesel exhaust [J]. Chem Commun，2008，12：1470-1472.

[170] Li Y H，Lee C W，Gullett B K. Importance of activated carbon's oxygen surface functional groups on elemental mercury adsorption [J]. Fuel，2003，82（4）：451-457.

[171] 陈俊杰，任建莉，钟英杰，等. 活性炭纤维吸附汞的量子化学研究 [J]. 动力工程学报，2010，30（12）：960-965.

[172] Liu J，Qu Q W，Zheng C G.Theoretical studies of mercury-bromine species adsorption mechanism on carbonaceous surface [J]. Proceedings of the Combustion Institute，2013，34（2）2811-2819.

[173] 郭欣，郑楚光，吕乃霞. 簇模型 CaO（001）面上吸附汞与氯化汞的密度泛函理论研究 [J]. 中国电机工程学报，2005，25（13）：101-104.

[174] 赵鹏飞，郭欣，郑楚光. 烟气成分对钙基吸附剂脱除单质汞的影响 [C]. 中国工程热物理学会学术会议论文，2008.

[175] 陈进生，袁东星，李权龙，等，周劲松. 燃煤烟气净化设施对汞排放特性的影响 [J]. 中国电机工程学报，2008（02）：72-76.

[176] 杜雯，殷立宝，禚玉群，等. 100MW 燃煤电厂非碳基吸附剂喷射脱汞实验研究 [J]. 化工学报，2014，65（11）：4413-4419.